纪实与人文篇

人民邮电出版社
北京

图书在版编目（CIP）数据

摄影师的后期必修课. 纪实与人文篇 / 翁顺程著
. -- 北京 : 人民邮电出版社, 2024.3
ISBN 978-7-115-63297-5

Ⅰ. ①摄… Ⅱ. ①翁… Ⅲ. ①图像处理软件—教材
Ⅳ. ①TP391.413

中国国家版本馆CIP数据核字(2024)第007506号

内 容 提 要

本书旨在探索纪实与人文摄影后期处理的思路与技巧。

本书首先介绍了调整照片影调、色彩和对比度优化的基础方法：接下来结合多种不同风格的案例，介绍了纪实与人文类照片调色的思路与技巧，以进一步提升照片的艺术感染力。在后续章节中，本书深入探讨了照片堆栈和局部调整等高级技巧，以创造出连贯而有冲击力的活动组照。此外，木书还介绍了一些比较特殊的后期处理技法，如给人物和环境附加色彩以及制作咖啡色调和神秘青色调的方法。

除讲解照片色调和明暗方而的处理技巧外，本书还介绍了黑白影调、朦胧效果、仿古处理和多画面等大量的后期案例与技巧，帮助读者创作出富有表现力和艺术感的作品。

◆ 著　　　翁顺程
责任编辑　胡　岩
责任印制　陈　犇

◆ 人民邮电出版社出版发行　　北京市丰台区成寿寺路 11 号
邮编　100164　　电子邮件　315@ptpress.com.cn
网址　https://www.ptpress.com.cn
天津市豪迈印务有限公司印刷

◆ 开本：690×970　1/16
印张：14.5　　　2024 年 3 月第 1 版
字数：252 千字　　　2024 年 3 月天津第 1 次印刷

定价：89.00 元

读者服务热线：(010)81055296　印装质量热线：(010)81055316
反盗版热线：(010)81055315
广告经营许可证：京东市监广登字 20170147 号

前言

数字化时代，摄影后期处理已成为展现摄影作品内容、创意和风格的重要环节。本书旨在向您介绍一系列后期技巧和方法，帮助您打造出独特而具有艺术氛围的纪实和人文摄影作品。

本书分为多章，每一章都详细介绍了不同的后期处理技巧和方法。无论是通过调整构图、影调或色彩，还是使用滤镜或其他工具对照片进行优化，您都可以学习到不同的修片技巧。同时，我们也会分享一些能增强活动气氛、制作动感效果和塑造视觉中心的技巧。除了单张照片的后期处理，本书还探讨了活动组照的编辑制作技巧，以及如何通过堆栈处理、色调整体调整等方法来创作出连贯而有冲击力的作品的技巧。

我们相信照片的力量不仅仅在于美学，更在于它能够促使人们思考、引发对话和改变观念。在后期处理中，我们鼓励您不仅仅关注技术方面，还要更加注重照片所传达的信息和故事。通过精心处理影像引发观者的思考，让观者更深入地理解照片所表达的社会、文化和情感含义。

最后，感谢您选择阅读本书，希望本书能够成为您在纪实与人文摄影领域的宝贵指南，激发您的创作激情。祝愿您在学习与实践中取得丰硕的成果！

翁顺程

目录

第 1 章　活动照片的艺术气氛营造

本章讲解的内容点是活动照片艺术气氛的营造，调整前后对比如图 1-1 和图 1-2 所示。大家可以看到照片在调整完以后整体的视觉感更加集中，艺术氛围感得到了很大的提升，画面更加饱满。原图画面稍稍有点空，烟雾的附着让画面整体更加饱满，更加缥缈神秘。

图 1-1

图 1-2

图 1-1 所示是一张游神的照片，这种称为游神的民俗活动全国很多地方应该都有。这张照片中的主体人物穿着打扮非常有特色，陪体人物看起来非常认真。画面中的火堆与游神相关联，火堆的延伸感为照片增加了空间感，让照片更加有延伸的空间。火堆所产生的烟雾让整张照片更加神秘、缥缈，因此我们可以往缥缈这个方向对该照片进行调整。

初步调整影调

首先可以对照片稍作裁切以对整体构图进行调整，让画面更加紧凑一些，在 Camera Raw 中打开照片，如图 1-3 所示。

图 1-3

接下来对照片的整体影调进行调整。单击“自动”按钮，将高光部分细节还原回来，暗部细节增强，增加“对比度”值，降低“白色”值，增加“阴影”值，如图 1-4 所示，大家可以看到照片整体的影调大致调整完成。

图 1-4

对主体和环境调整

接下来对人物主体进行提亮，调整画笔设置，增加“曝光”和“对比度”值，再涂抹人物部分，如图 1-5 和图 1-6 所示。

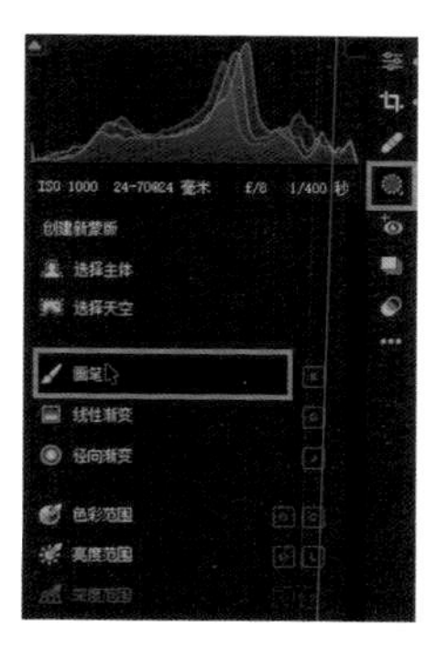

图 1-5

图 1-6

接下来继续对照片进行分析，针对人物周围的环境稍稍有些亮的问题，创建径向渐变，如图 1-7 和图 1-8 所示。

图 1-7

图 1-8

我们所做的操作是为了压暗比较亮的环境，所以这里单击“反相”，红色遮罩部分就是选中的部分，如图 1-9 所示。

图 1-9

降低“曝光”值，降低“高光”值，降低“对比度”值，可以看到画面整体的影调就调整完成了，如图 1-10 所示。

图 1-10

打造缥缈效果

单击“打开”按钮，进入 Photoshop 中，如图 1-11 所示。

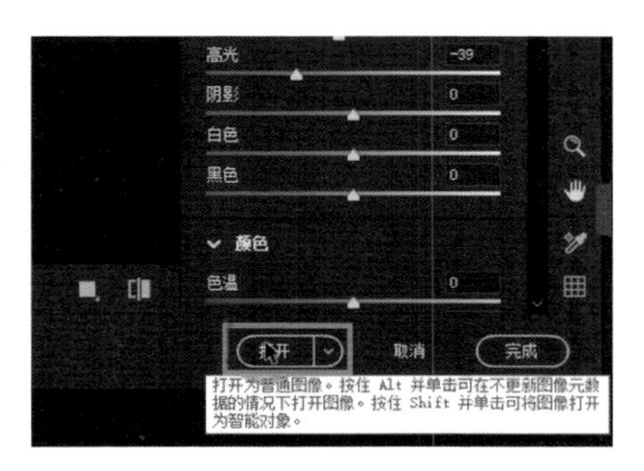

图 1-11

我们想要为整张照片营造出缥缈的感觉，因此创建白色的纯色图层，如图 1-12 和图 1-13 所示。

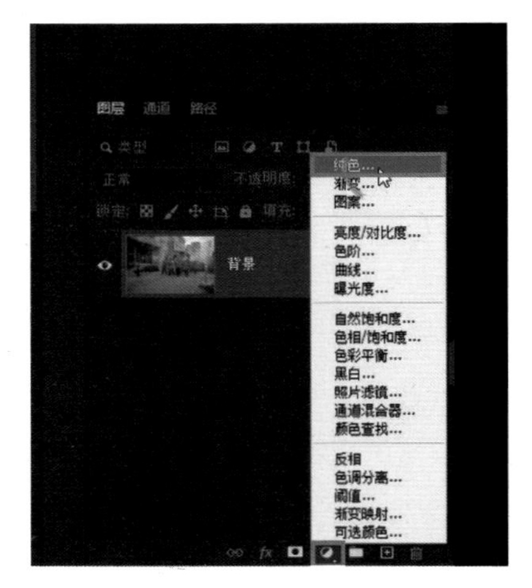

图 1-12

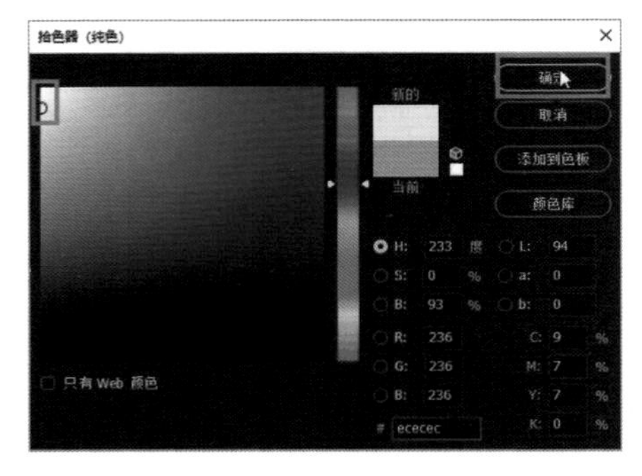

图 1-13

用鼠标左键单击“颜色填充 1”图层的图层蒙版缩览图，单击菜单栏中的“滤镜”，选择“渲染”—“分层云彩”，如图 1-14 和图 1-15 所示。

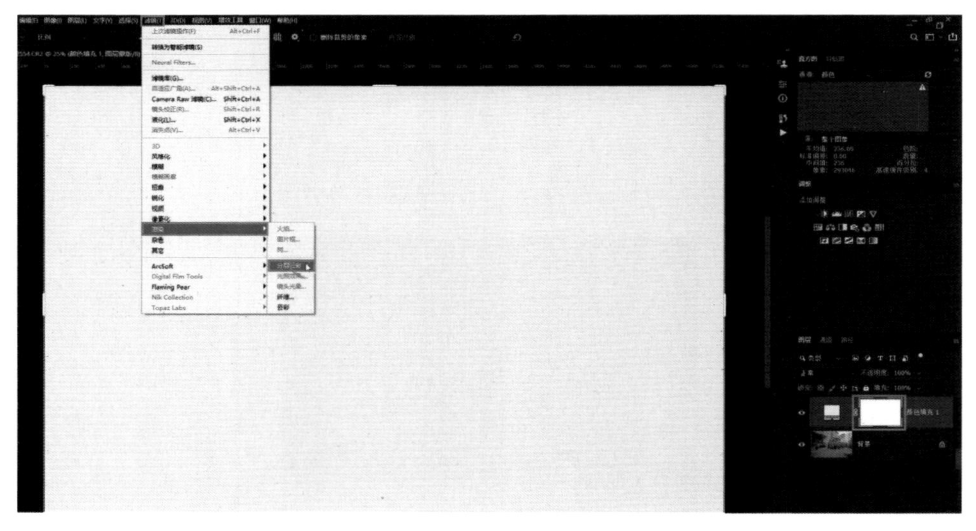

图 1-14

图 1-15

可以看到整体的效果并不理想，接下来对蒙版进行调整。单击“编辑”菜单，选择“自由变换”，如图 1-16 所示。拉大云彩区域，让烟雾感范围变大一些，整体的效果就有了，如图 1-17 所示。

图 1-16

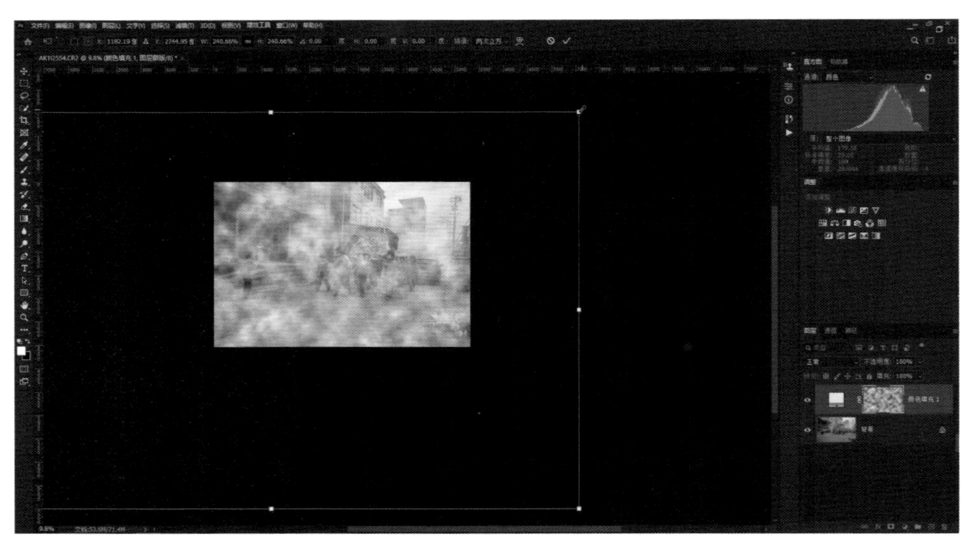

图 1-17

接下来单击菜单栏中的“滤镜”，选择“模糊”—“高斯模糊”，如图 1-18 所示。调整“半径”值使烟雾扩散一些，单击“确定”按钮，如图 1-19 所示。

图 1-18

图 1-19

可以观察到画面中烟雾遮挡住了太多的主体部分，所以单击图层蒙版缩览图，选择“渐变工具”，将前景色改为黑色，在选项栏中选择“径向渐变”，然后打开“渐变编辑器”，选择“从前景色到透明渐变”，单击“确定”按钮，如图 1-20 所示。

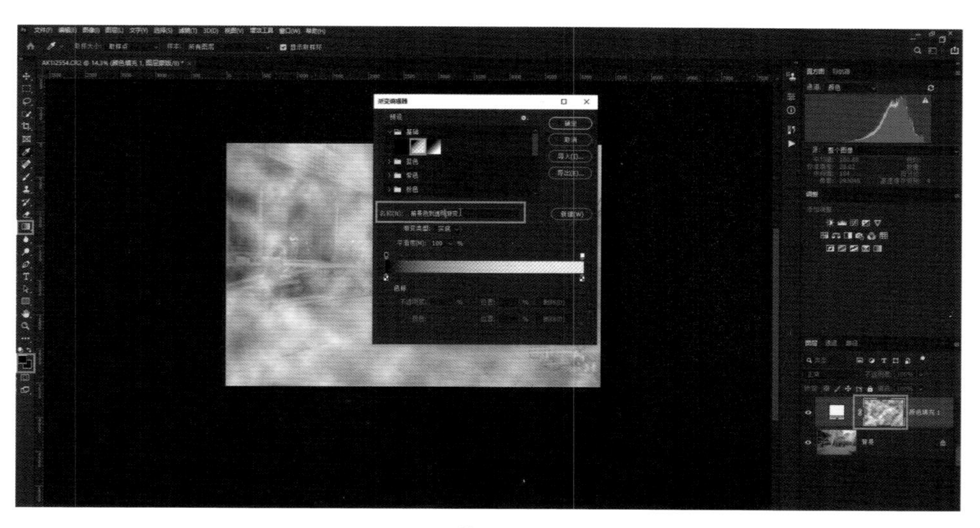

图 1-20

使画面中被遮盖的主体部分得以显露，如图 1-21 所示。

图 1-21

将前景色设置为白色，使用“渐变工具”将被遮挡的人物的清晰度稍稍拉回来一些，如图 1-22 所示。

图 1-22

冷色调调整

接下来对照片进行整体的色调调整。创建照片滤镜蒙版，选取冷色调，让画面整体缥缈中带着神秘感，如图 1-23 和图 1-24 所示。

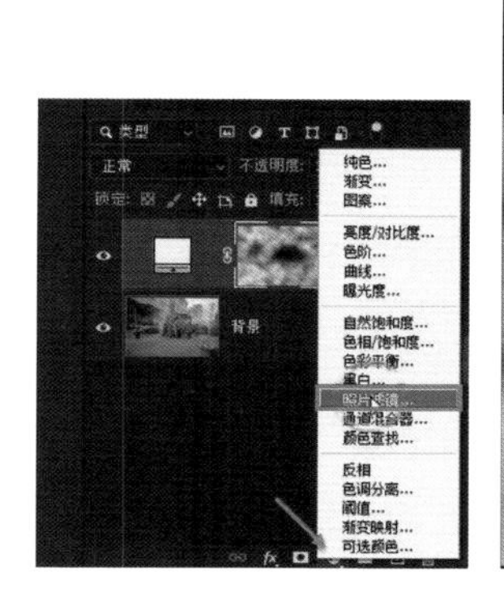

图 1-23

图 1-24

如果颜色太浓可以降低图层的“不透明度”，如图 1-25 所示。

图 1-25

进入 Camera Raw 滤镜进行调整

用鼠标右键单击图层并选择“拼合图像”，如图 1-26 所示。单击菜单栏中的

“滤镜”，选择“Camera Raw 滤镜”，如图 1-27 所示，将照片导入 Camera Raw 滤镜中进行照片最终的整体调整。

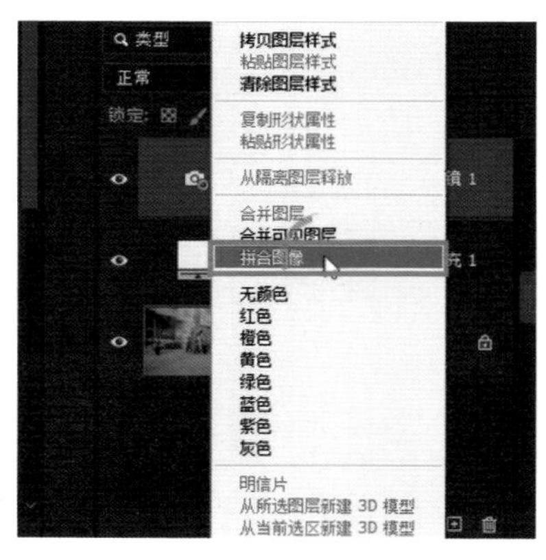

图 1-26

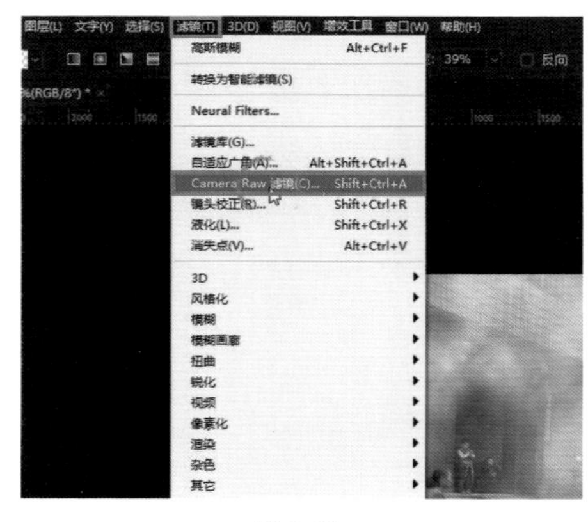

图 1-27

单击“自动”按钮，增加“对比度”值，稍稍降低“饱和度”值，增加“清晰度”值，这样就完成了调整，如图 1-28 所示。

图 1-28

第 2 章　活动氛围加强的后期技巧

本章讲解的内容点是活动氛围加强的后期技巧，调整前后对比如图 2-1 和图 2-2 所示。可以看到经过动感模糊的效果制作，画面整体的现场感、紧张感更加强烈了，艺术感也得到了很大的提升。

图 2-1

图 2-2

初步调整影调

将这张照片导入 Camera Raw 滤镜中进行初步的调整。可以看到图 2-1 拍摄的是名为“走古事”的民俗活动。首先对照片的整体影调进行初步调整，单击“自动”按钮，降低“高光”值，增加“阴影”值，增加“对比度”值，降低“白色”值，将整体照片的细节还原，如图 2-3 所示。

图 2-3

降低饱和度

在“混色器”面板中选取“目标选择工具”，将鼠标指针放置在画面当中并单击鼠标右键，可以看到出现了“色相”“饱和度”和“明亮度”等选项，如图 2-4 所示。

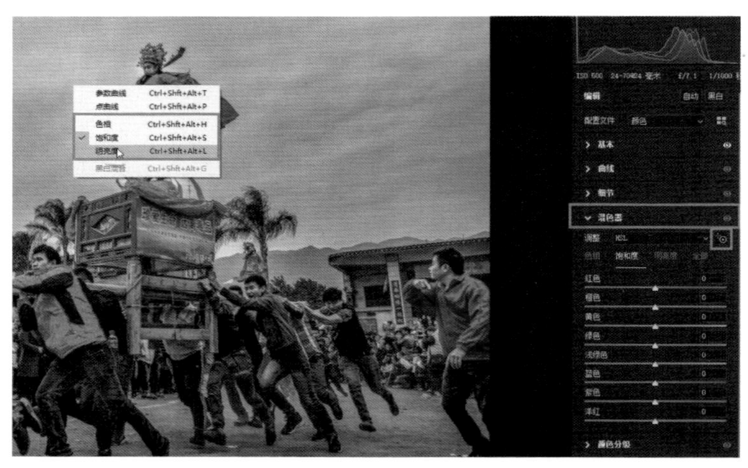

图 2-4

选择“饱和度”，按住将鼠标指针放置在颜色浓郁的位置，按住鼠标左键并往左滑动，可以看到饱和度降低了，如图 2-5 所示。

图 2-5

人物衣服比较亮，单击鼠标右键后选取“明亮度”，将鼠标指针放置在明亮度高的位置，按住鼠标左键并往左滑动，降低它的明亮度，让这种颜色沉下去，如图 2-6 所示。

图 2-6

单击鼠标右键后选择“饱和度”，将鼠标指针放置在人物裤子的位置并向左滑动，如图 2-7 所示，再采用如前述方法来调整明亮度，如图 2-8 所示。

图 2-7

图 2-8

画面中树木的颜色比较抢眼，单击鼠标右键后分别选取“饱和度”和“明亮度”，往左滑动进行调整，如图 2-9 和图 2-10 所示。

图 2-9

回到“基本”面板，将整体画面“饱和度”值再降一些，并增加“对比度”值，如图 2-11 所示。可以看到经过几步初步调整，画面中不再有某种颜色非常抢眼，画面整体比较均衡。

图 2-10

图 2-11

主体和环境调整

选取蒙版画笔，如图 2-12 所示。勾选“自动蒙版”复选框，使得能自动选择边缘部分，用画笔涂抹照片中的人物主体，增加“曝光”和“对比度”值，如图 2-13 所示。

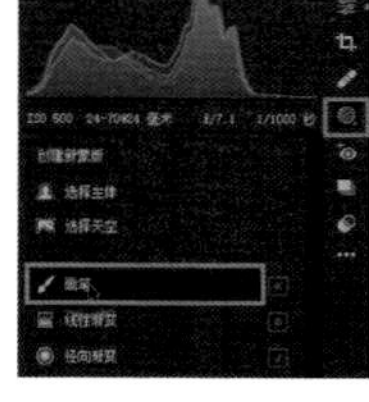

图 2-12

图 2-13

创建径向渐变蒙版，如图 2-14 所示。套取主体人物，可以看到画面中红色部分是选择的部分，如图 2-15 所示。

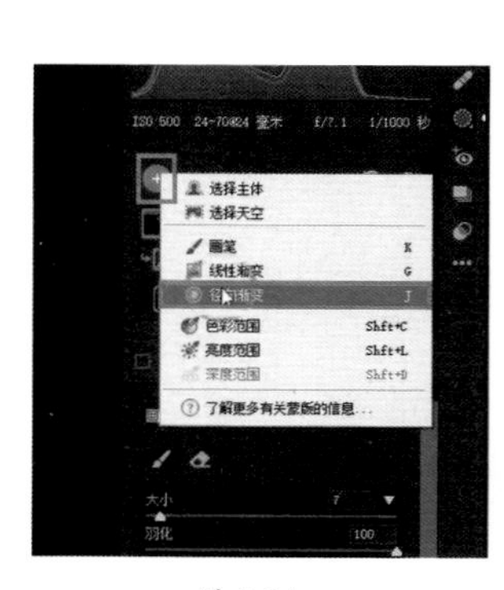

图 2-14

图 2-15

由于我们想要压暗周围环境，所以单击“反相”，降低“曝光”“高光”和“对比度”值，如图 2-16 所示。

图 2-16

可以先对各参数进行大致调整，再调整需要编辑的区域的形状、大小和位置，如图 2-17 所示。

图 2-17

由于画面中有些部分被稍微压得多了一些，所以单击“减去”按钮，从弹出的菜单中选择“画笔”，如图 2-18 所示。

将“自动蒙版”关掉，让压暗不要太多，让整体上人物与环境都过渡自然，如图 2-19 所示。

图 2-18　　　　图 2-19

接下来回到“基本”面板，增加“对比度”值和“清晰度”值，降低“饱和度”值，可以看到这张照片整体效果已经得到调整，如图 2-20 所示。

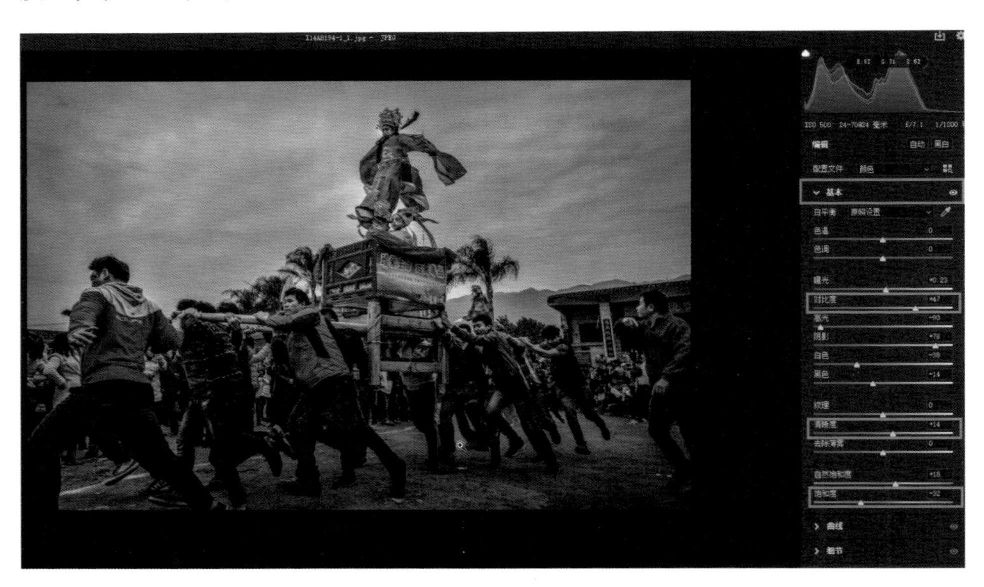

图 2-20

增强动感

想要增强动态的感觉，就要在 Photoshop 中操作，单击“打开”按钮，进入

Photoshop，如图 2-21 所示。

首先复制一个图层，如图 2-22 所示。

图 2-21

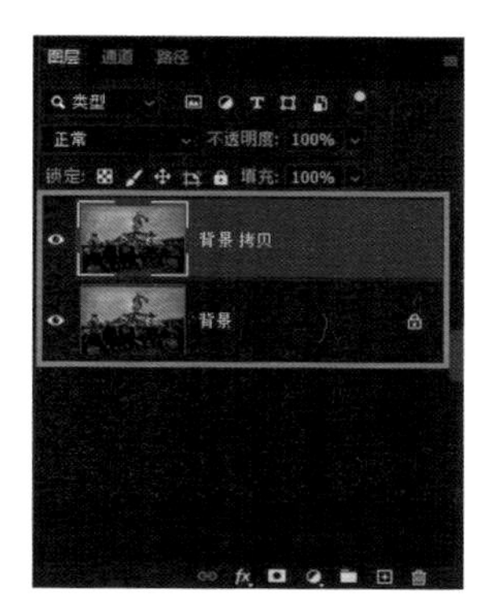

图 2-22

单击“滤镜”菜单，选择“模糊”—“动感模糊”，使画面稍稍模糊一些后，单击“确定”按钮，如图 2-23 和图 2-24 所示。

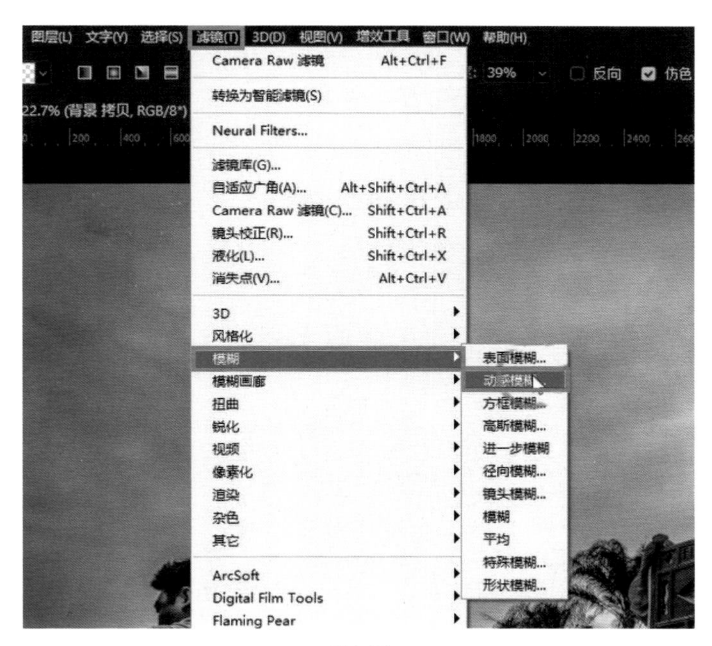

图 2-23

图 2-24

我们这里只是让画面稍稍模糊一些。有些老师会觉得稍稍模糊一些并不能出效果，现在制作的动感模糊效果不是最终效果，这一步相当于整个动感效果处理的中间衔接点，便于后续衔接更大的动感效果。

接下来为该照片的动感图层添加蒙版，如图 2-25 所示。

图 2-25

使用“渐变工具”，前景色设置为黑色，选取“前景色到透明渐变”，如图 2-26 所示。

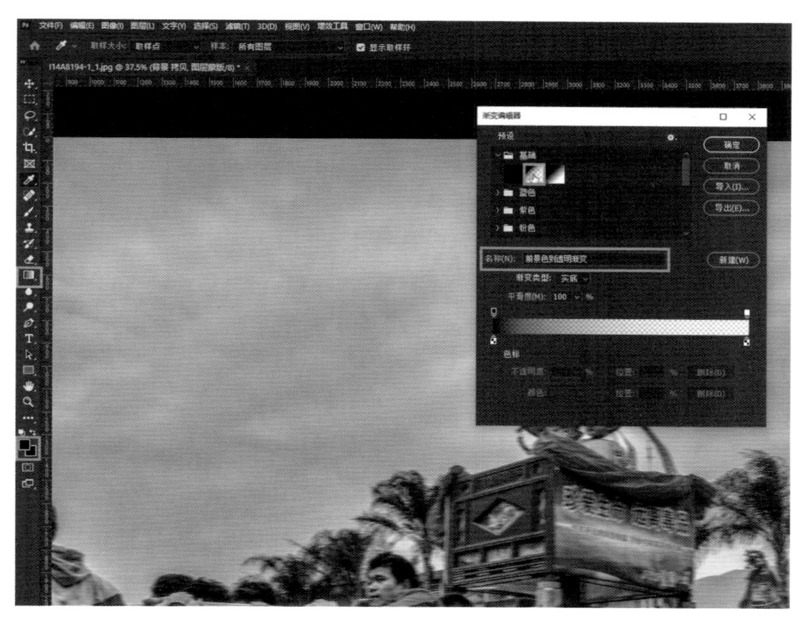

图 2-26

选择“径向渐变”，将这些人物主体中心的部分刷取回来，而周围的环境动感效果则保留，如图 2-27 所示。

图 2-27

用鼠标右键单击图层后选择“拼合图像”，如图 2-28 所示，再复制一个背景图层，如图 2-29 所示。

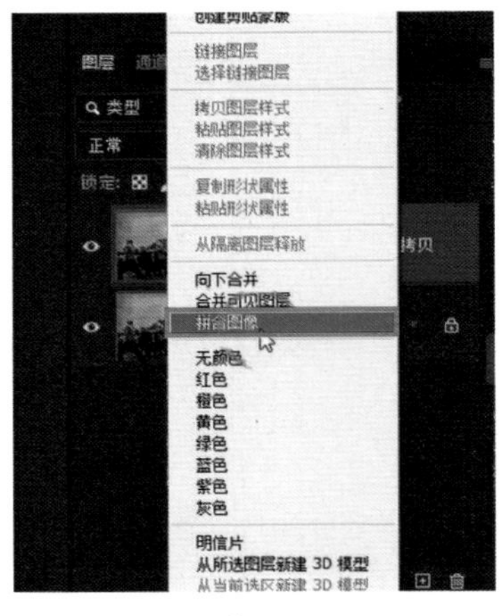

图 2-28

图 2-29

单击“滤镜”菜单，选择“模糊”—“动感模糊”，如图 2-30 所示。

图 2-30

这一次可以使动感模糊的幅度大一些。根据人物脚步的模糊状态来调整半径，单击“确定”按钮，如图 2-31 所示。

图 2-31

添加蒙版，选择“渐变工具”，将前景色设置为黑色，选择“径向渐变”后涂抹主体部分，如图 2-32 所示。

图 2-32

陪体人物可以比较随意地涂抹，如图 2-33 所示，因为前面做了比较小幅度的动感，也就是衔接点，让整体的追拍效果更加逼真，正是因为既有大幅度的动感模糊，又有小幅度的动感模糊，结合起来才会比较真实。

图 2-33

最终影调调整

用鼠标右键单击图层后选择“拼合图像”，如图 2-34 所示。然后将图像导入到 Camera Raw 滤镜中，如图 2-35 所示。

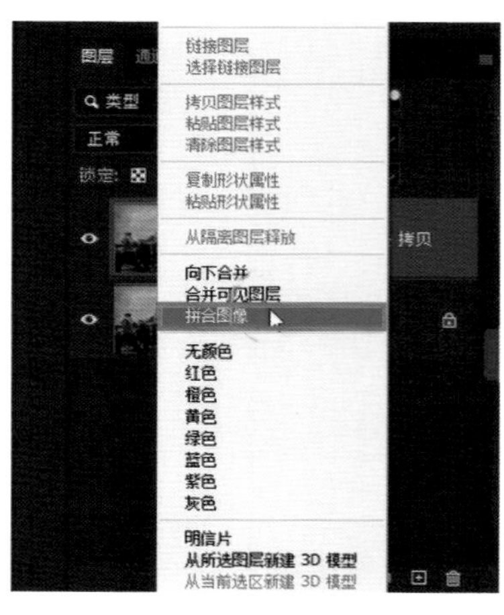

图 2-34

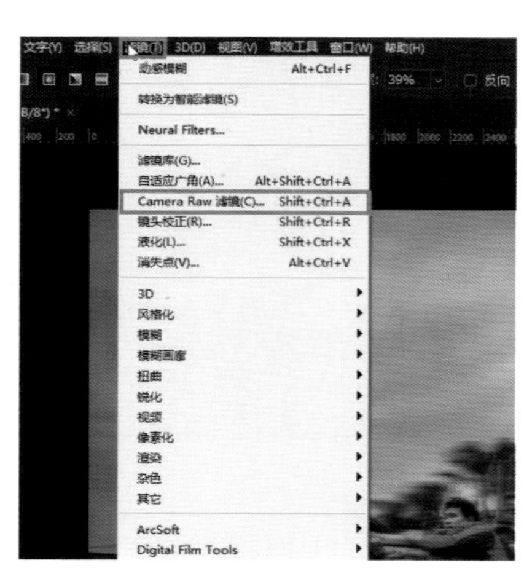

图 2-35

单击“自动”按钮，降低“高光”值，增加“阴影”值，降低“白色”值，可以再将整体的“饱和度”值稍稍降低一些，如图 2-36 所示。

图 2-36

创建画笔蒙版，如图 2-37 所示，将画面中比较抢眼的部分的“曝光”值降低，如图 2-38 所示。

图 2-37

这里还可以将画面的色调向冷色调调整，如图 2-39 所示，这样就完成了调整。

图 2-38

图 2-39

第 3 章　快速渲染活动气氛

本章讲解的内容是快速渲染活动气氛，调整前后效果如图 3-1 和图 3-2 所示。可以看到调整后晚上的氛围感更加强烈，夜晚时分画面中形成的冷暖对比、构图的高低错落，均让视觉感得到很大的提升。

图 3-1

图 3-2

初步调整影调

首先对画面进行二次构图，让画面更加紧凑，照片当中有些部分相对比较空，所以我们可以将这些部分裁切掉，让画面整体更饱满一些，如图 3-3 所示。

图 3-3

接下来对画面的整体影调进行初步调整。单击“自动”按钮，降低“高光”值，将细节还原回来，增加“阴影”值，降低“白色”值，增加“对比度”值，如图 3-4 所示。

图 3-4

打造夜晚效果

单击“打开”按钮，进入 Photoshop，如图 3-5 所示。

这里将画面打造成夜晚的感觉，让火焰更有气氛，选择“颜色查找”，如图 3-6 所示。

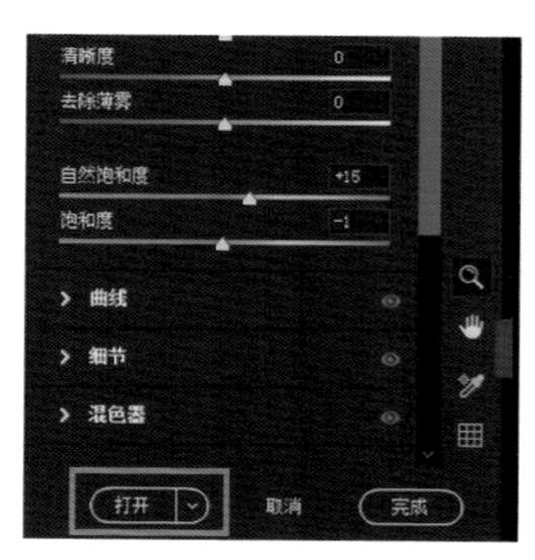

图 3-5

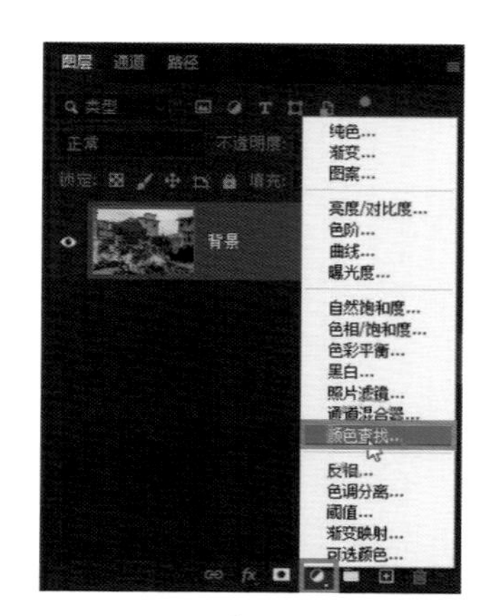

图 3-6

选中“3DLUT 文件”后，选择“Night Friday.CUBE”，如图 3-7 所示。

图 3-7

添加曲线调整图层，调整曲线增加反差，让上一步添加的“Night Friday.CUBE”颜色融入到照片中，这样才有夜晚的感觉，如图 3-8 所示。

图 3-8

如果觉得人物主体部分太蓝了，选中“颜色查找 1”图层的蒙版，选择“渐变工具”，将前景色设为黑色，选择“前景色到透明渐变”，选择“径向渐变”，稍微涂抹一下主体，如图 3-9 所示。

图 3-9

最终影调调整

用鼠标右键单击图层后选择“拼合图像”，如图 3-10 所示，将图像导入到 Camera Raw 中进行最终的整体影调调整，如图 3-11 所示。

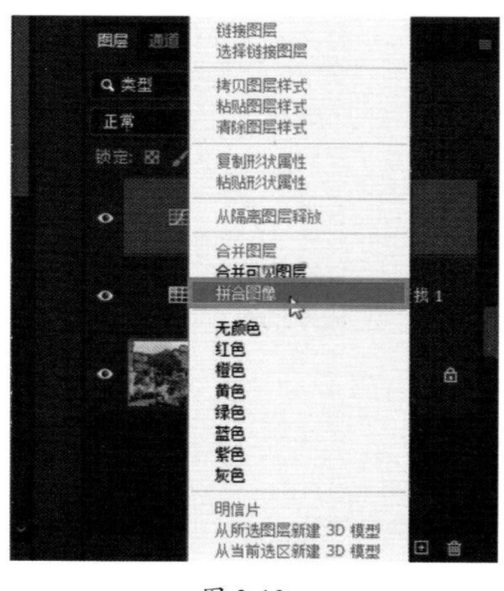

图 3-10

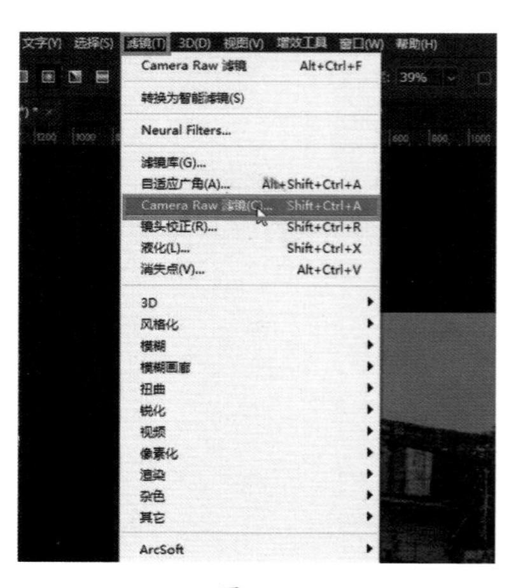

图 3-11

单击“自动”按钮，增加“曝光”值，增加“对比度”值，增加“阴影”值，夜晚效果的色温就呈现出来了，如图 3-12 所示。

图 3-12

接下来选择蒙版的“径向渐变”，如图 3-13 所示。

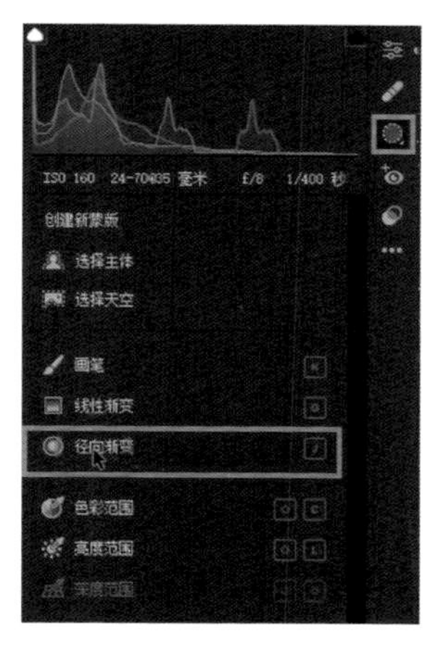

图 3-13

将外围的影调压暗一些，让夜晚的感觉更加浓烈，并降低曝光，如图 3-14 和图 3-15 所示。

图 3-14

图 3-15

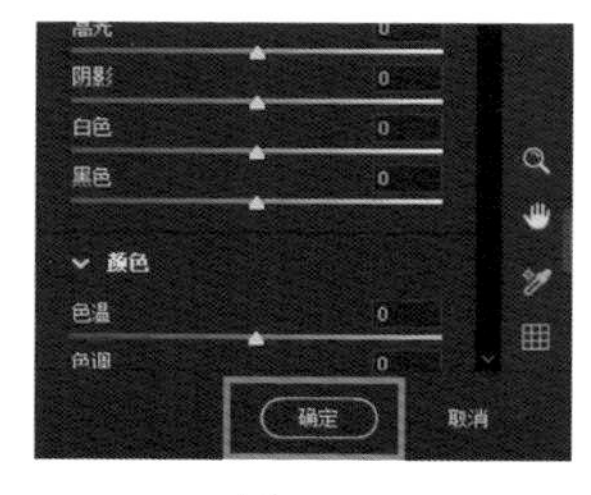

图 3-16

单击“确定”按钮，如图 3-16 所示，可以看到氛围感非常强烈。这时还可以继续对照片进行分析，如果觉得人物的衣服颜色太浓，可以用色相 / 饱和度工具中的目标选择工具，选择红色，降低这部分颜色的“明度”和“饱和度”值，如图 3-17 所示。

图 3-17

切换到蒙版“属性”面板，单击“反相”按钮，如图 3-18 所示。

图 3-18

选择“画笔工具”，将前景色设置为白色，使用画笔工具把不想降低饱和度的部分涂抹回来，如图 3-19 所示，这张照片就调整完毕了。

图 3-19

第 4 章　增强活动照片的现场氛围

本章讲解是如何增强活动照片的现场氛围，调整前后效果对比如图 4-1 和图 4-2 所示。调整后画面中现场氛围感更加强烈，艺术氛围得到了很大提升，现场有非常强烈的动感效果，让观者有身临其境的感觉。

图 4-1

图 4-2

初步调整影调

图 4-1 这张照片拍摄于福建闽西。首先对画面的整体影调进行初步调整。单击“自动”按钮，降低“曝光”值，增加“对比度”值，降低“高光”值，将画面整体的细节进行还原，如图 4-3 所示。

图 4-3

接下来对人物主体部分进行刻画。选择蒙版中的“画笔”，增加“曝光”值，对人物主体的脸部进行涂抹，如图 4-4 和图 4-5 所示。

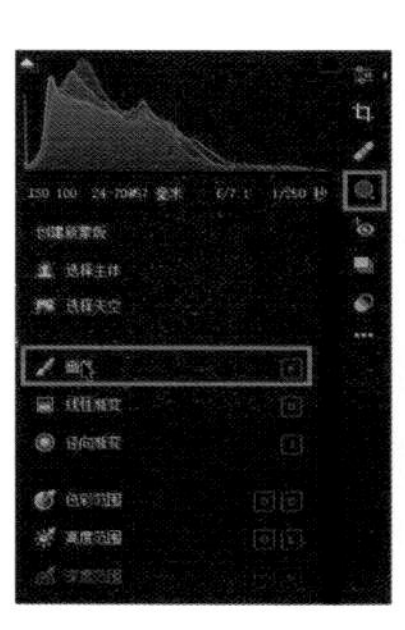

图 4-4

图 4-5

制作动感效果

单击“打开”按钮，进入 Photoshop，如图 4-6 所示。

首先通过快捷键 Ctrl+J 复制图层，如图 4-7 所示。

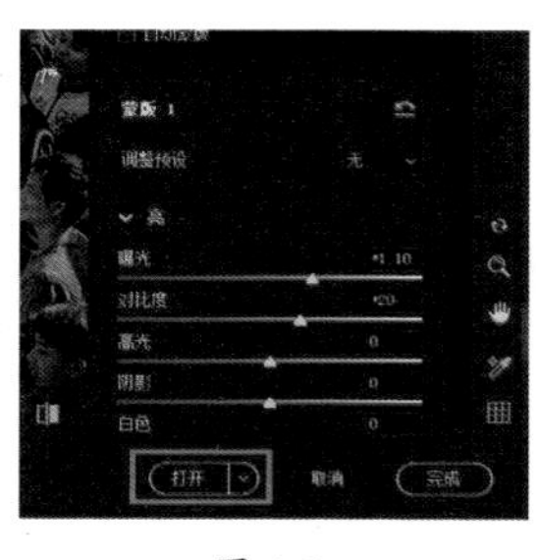

图 4-6

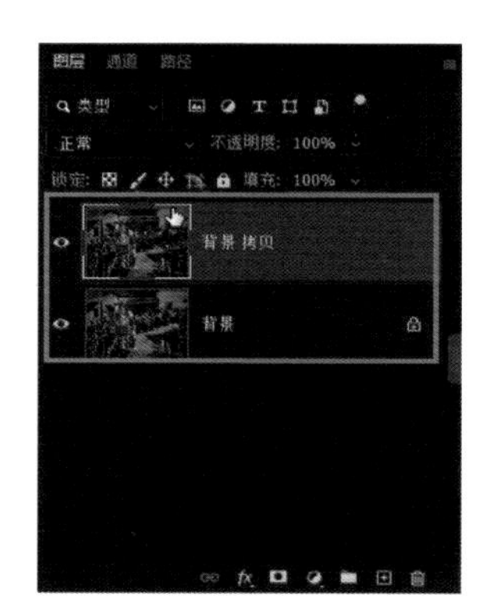

图 4-7

接下来单击“滤镜”菜单，并单击“模糊画廊”，选择“路径模糊”，如图 4-8 所示。

可以看到画面中又出现了路径模糊的调整标记，它是一个箭头，如图 4-9 所示，此时该箭头方向代表模糊的方向是从左往右。

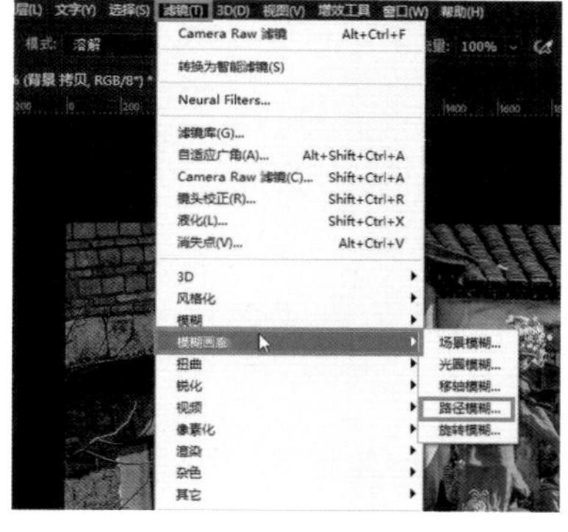

图 4-8

图 4-9

也可以将方向调整为从右往左，即将鼠标光标放置在圆点上，按住鼠标左键转动，就可以使其随意转动。如图 4-10 所示，将箭头拉长，按住鼠标左键往左滑动，就可以看到箭头就变得更长并偏转了，如图 4-11 所示。

图 4-10

图 4-11

图 4-12

现在的模糊状态是呈线形的，还可以使模糊范围具有一定幅度，通过制作锚点，单击锚点并按住鼠标左键往上滑动，如图 4-12 所示，就会形成曲线、有幅度的模糊，而不再是前面这种呈线形的模糊了。

图 4-13

要想让动感效果更加“曲折”，可以添加多个锚点，在曲线上需要增加锚点的位置，单击就可以增加锚点了，如图 4-13 所示。

图 4-14

不需要锚点时，可以单击该锚点，再按删除键将其删除，如图 4-14 所示。

这一步中形成的模糊只是初步的模糊效果，起到衔接的作用，单击“确定”按钮，如图 4-15 所示。

图 4-15

选择“渐变工具”，将前景色设置为黑色，选择“前景色到透明渐变”，选择“径向渐变”，刷取主体人物的脸部，如图 4-16 到图 4-18 所示。

图 4-16

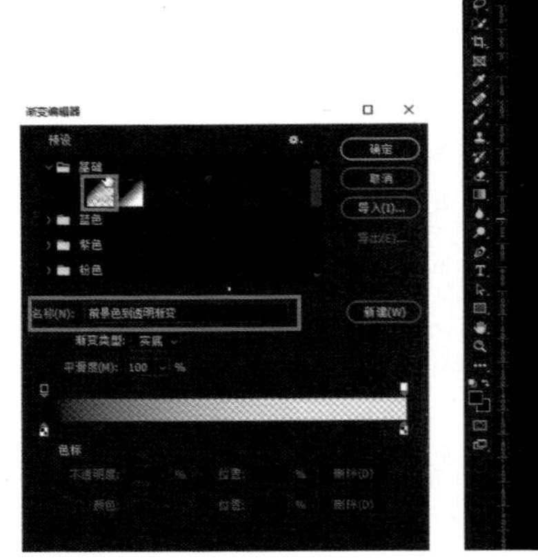

图 4-17

图 4-18

用鼠标右键单击图层后选择“拼合图像”，如图 4-19 所示。

再次复制一个背景图层，如图 4-20 所示。

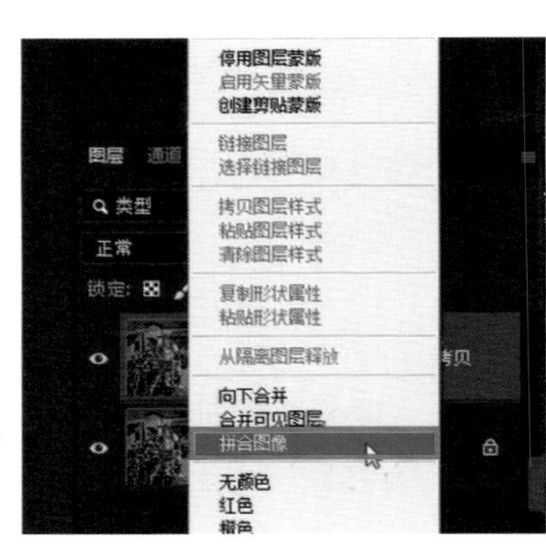

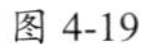

图 4-19

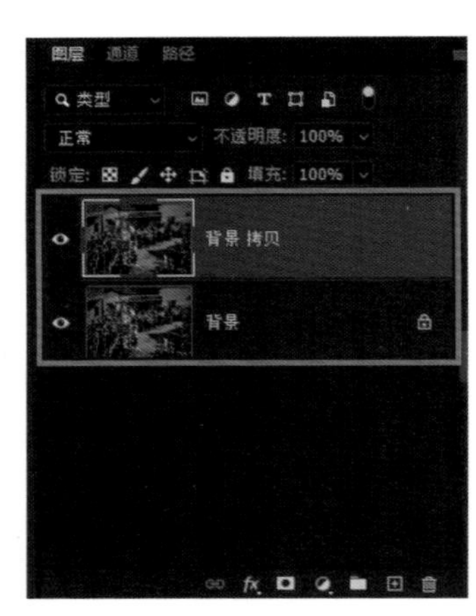

图 4-20

单击“滤镜”菜单，选择“模糊画廊”—“路径模糊”，如图 4-21 所示。

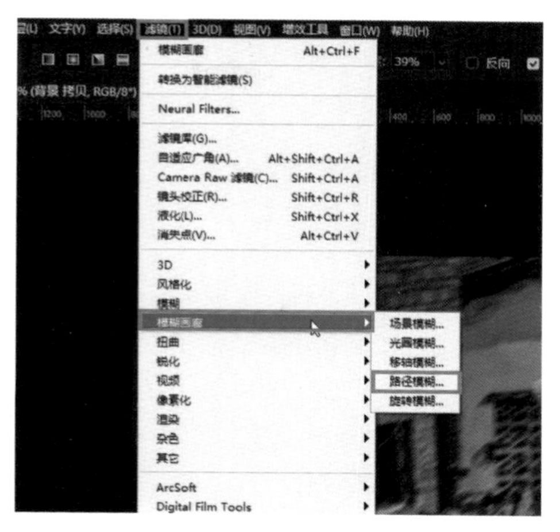

图 4-21

调整箭头方向为从右到左，只用一个路径进行模糊处理，增加“速度”值，使应用于照片的模糊量大一些，如图 4-22 所示。

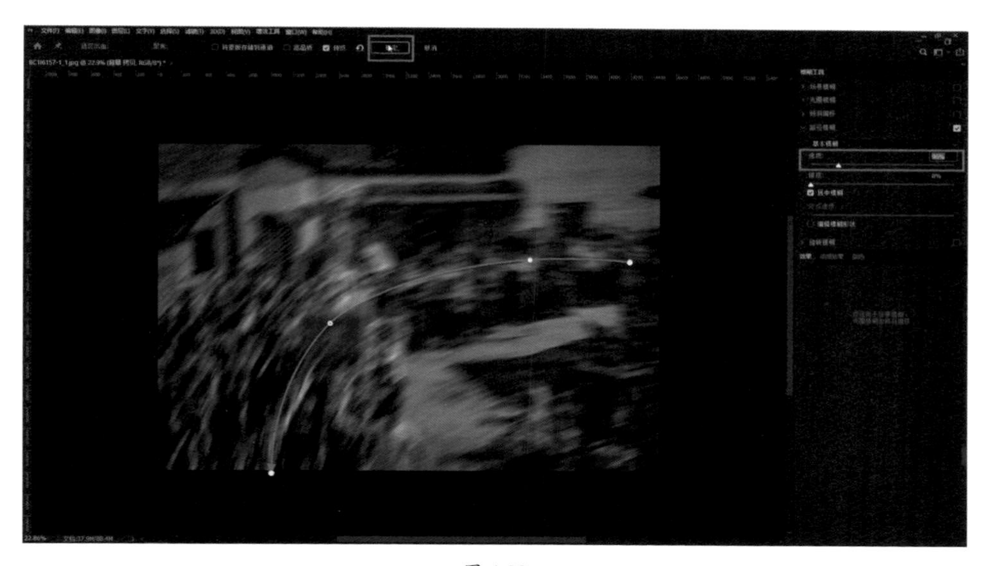

图 4-22

添加蒙版，将前景色设置为黑色，选择“渐变工具”，选择“前景色到透明渐变”，选择“径向渐变”，如图 4-23 和图 4-24 所示。

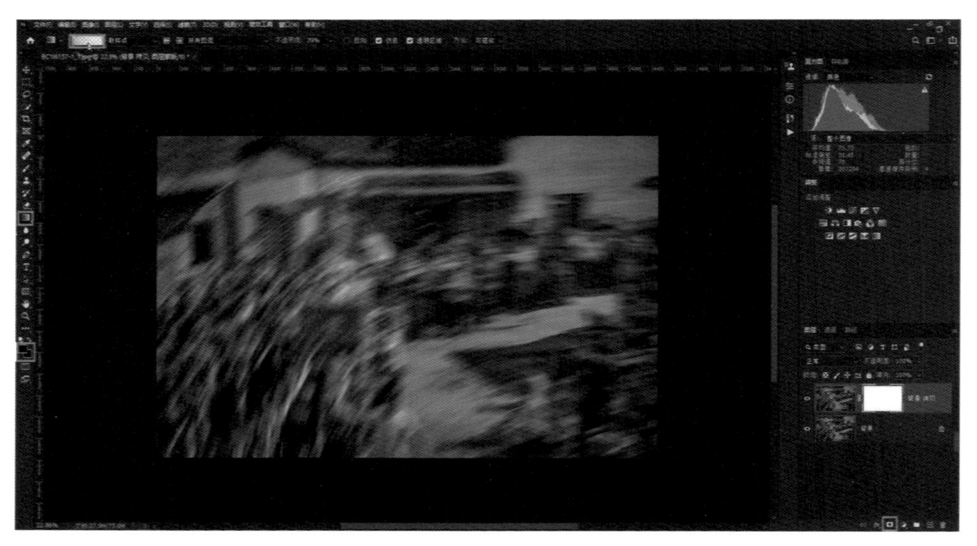

图 4-23

因为前面已经为画面营造出了人物周边的轮廓感，所以在有这样的过渡的情况下，可以大胆涂抹，如图 4-25 所示。

图 4-24

图 4-25

可以让画面中被抬起的人稍微突出一些，因为只有让这部分能稍微清晰一点，才能看得清楚是将人抬在高空的游行。因为是追随拍摄，所以这几个人的脸也应略微清晰，周边观众也可以稍稍清晰一些，如图 4-26 所示。

图 4-26

渐变工具中的“不透明度”值可以低一点，如图 4-27 所示。

图 4-27

最终影调调整

用鼠标右键单击图层后选择“拼合图像”，将图像导入 Camera Raw 滤镜中并对画面进行最终的整体影调调整，如图 4-28 和图 4-29 所示。

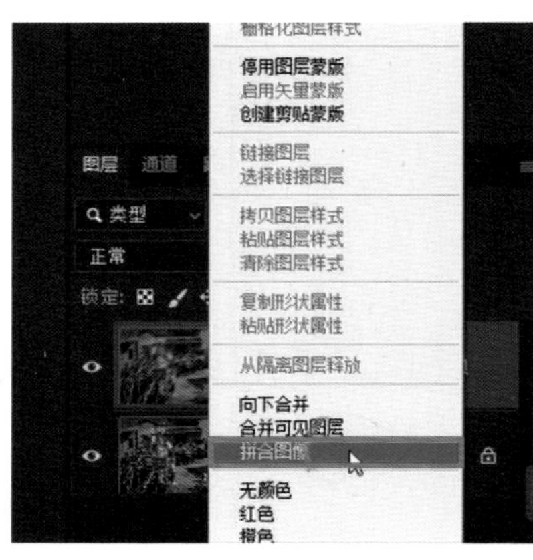

图 4-28

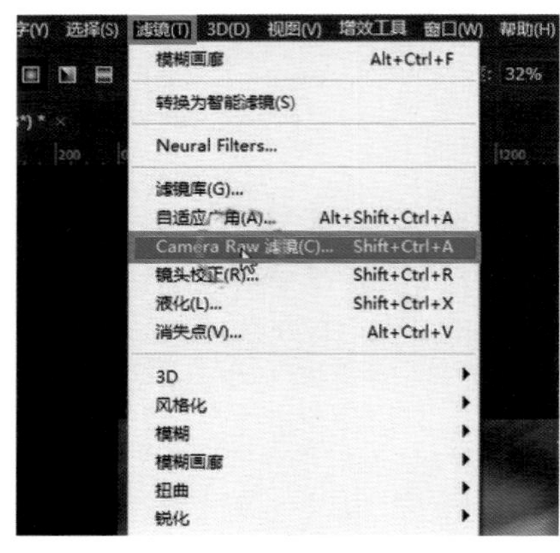

图 4-29

单击“自动”按钮，增加“曝光”值，降低“高光”值，增加“阴影”值，降低“白色”值，增加“对比度”值，完成整体影调调整，单击“确定”按钮，如图 4-30 所示。

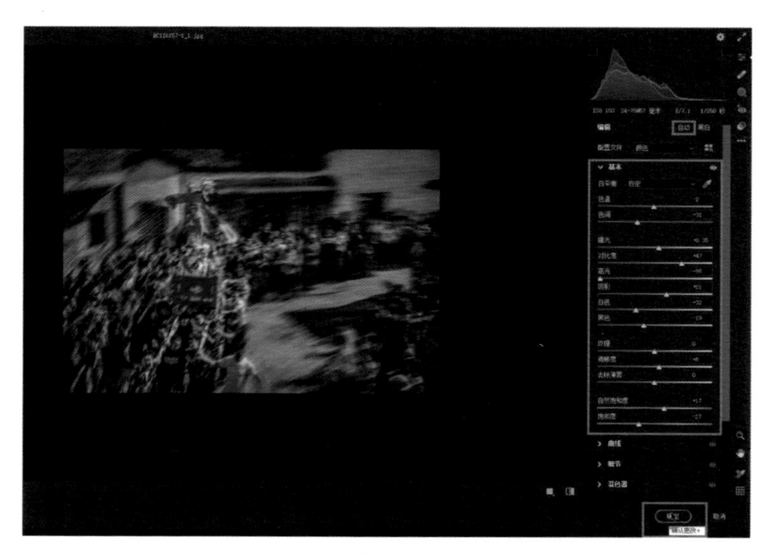

图 4-30

如果觉得这些颜色太浓郁，可以使用“色相 / 饱和度”工具来进行饱和度的降低，如图 4-31 所示，这张照片就调整完毕了。

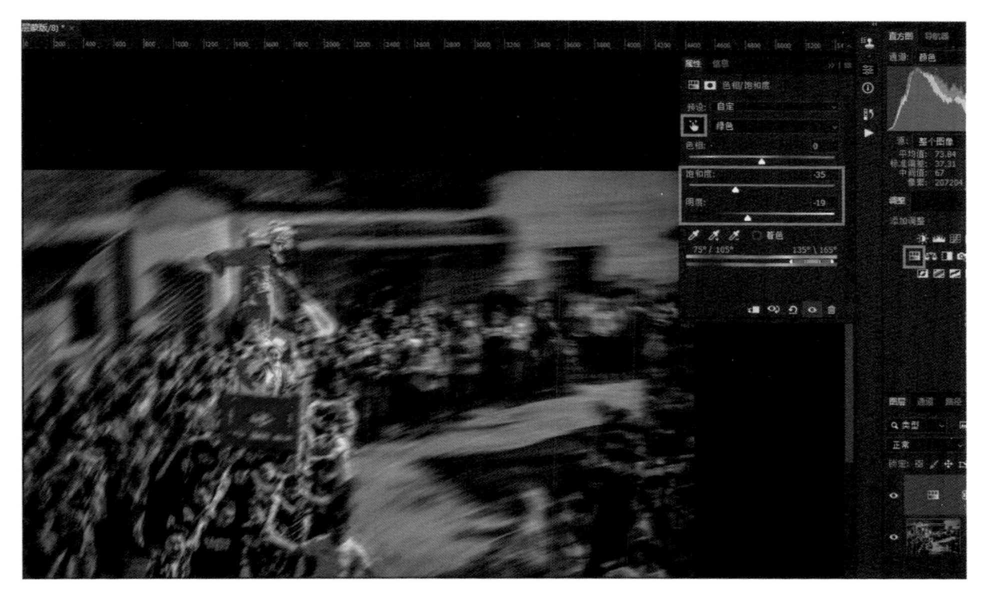

图 4-31

第 5 章　气氛的升华改造

本章讲解气氛的升华与改造，照片调整前后的效果如图 5-1 和图 5-2 所示。可以看到调整前后画面的氛围感完全不同，调整之后的画面艺术感要更强烈，这是因为画面中有动、有静、有虚、有实，有明与暗的对比，还有疏与密对比，因而氛围感非常地强烈。

图 5-1

图 5-2

照片堆栈

实际上，要得到上述效果的画面，原图只有一张是不够的，要以相同角度连拍多张原图，再进行堆栈合成，才能得到精彩的效果图。

平时外出拍摄时，我们可能会使用高速连拍模式，这样就可以通过高速连拍抓取精彩的瞬间，从而得到一个最佳的动态图像。应该很多老师都使用过这种类型的高速连拍的照片。本章将使用这种高速连拍的图像打造出与众不同的视觉效果。

在 Bridge 中全选照片，可以看到蓝色的是已被选择的照片，双击任意选中的照片，将其全部导入到 Photoshop 中，如图 5-3 和图 5-4 所示。

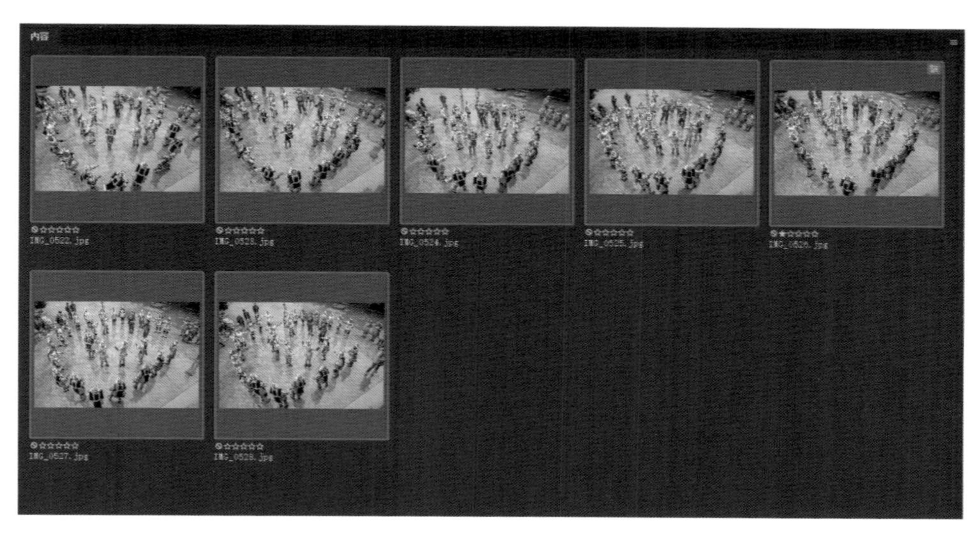

图 5-3

图 5-4

在菜单栏中单击“文件”，选择“脚本”—“统计”，如图 5-5 所示。

选择堆栈模式为平均值。由于刚才所想要的几张照片都已在 Photoshop 中打开，所以这里直接单击“添加打开的文件”即可，如图 5-6 所示。

图 5-5

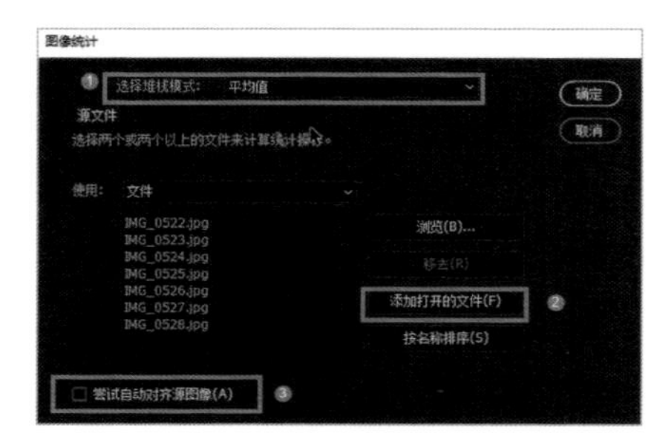

图 5-6

可以看到整体的效果已经出来了，如图 5-7 所示。

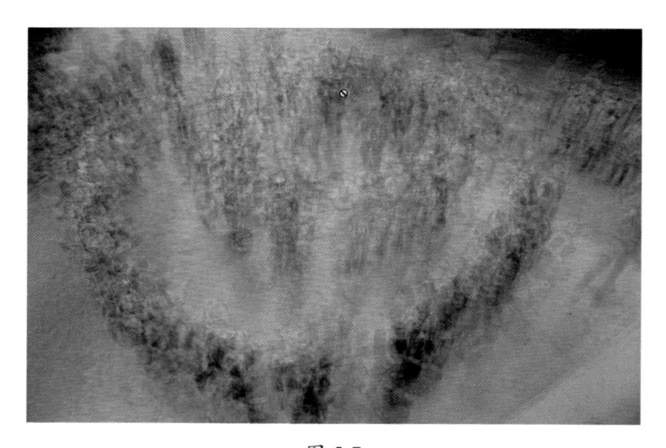

图 5-7

制作视觉中心

由于画面中尚缺少视觉中心点，因此可以选择一张我们认为动态效果比较好的照片做视觉中心点，如图 5-8 所示。

图 5-8

按住鼠标左键往下拖动它就变小了，选择“移动工具”，如图 5-9 所示。

图 5-9

按住鼠标左键并将其移动到画布中以后，可以看到光标箭头有了“+”图标，如图 5-10 所示。当有“+”图标出现时就说明移动已经成功了，松开鼠标左键，这个图像就被移动过来了，如图 5-11 所示。

图 5-10

图 5-11

将图层的“不透明度”值降低一些，如图 5-12 所示。

图 5-12

略降低不透明度的目的在于便于观察和确认视觉中心点放在哪里合适，如图 5-13 所示，再将“不透明度”值恢复为 100%，如图 5-14 所示。

图 5-13

图 5-14

添加蒙版，双击该蒙版，单击“反相”按钮，如图 5-15 所示。

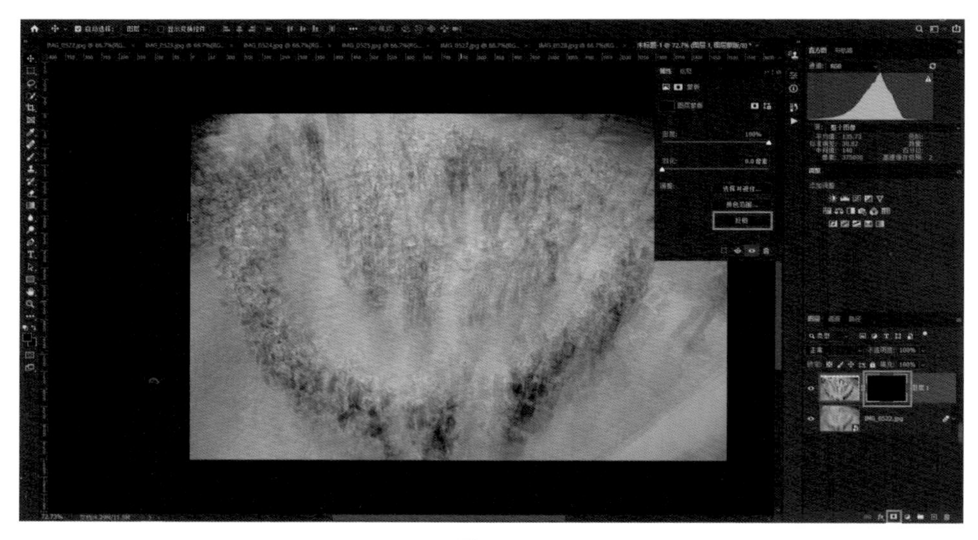

图 5-15

使用“渐变工具”，将前景色设置为白色，选择“前景色到透明渐变”，选择“径向渐变”，如图 5-16 所示。

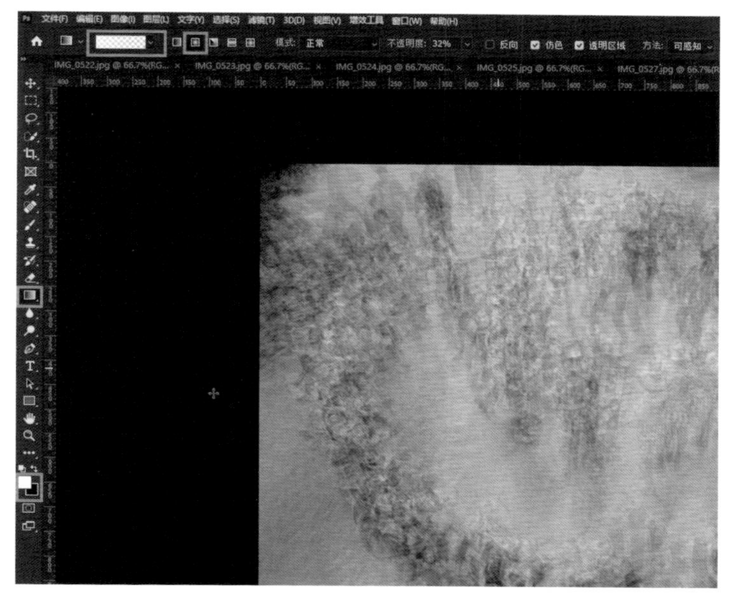

图 5-16

将位于人群中心的人物稍稍刷取一点，使之比其外围稍微清晰一点就可以了，如图 5-17 所示。

图 5-17

可以将上一步刷取的人物周围的部分也刷取一些出来，让画面中清晰程度以上一步刷取的人物为中心一层一层往外降低，如图 5-18 所示。

图 5-18

对照片进行裁切，使画面中视觉中心点更突出一些，如图 5-19 所示。

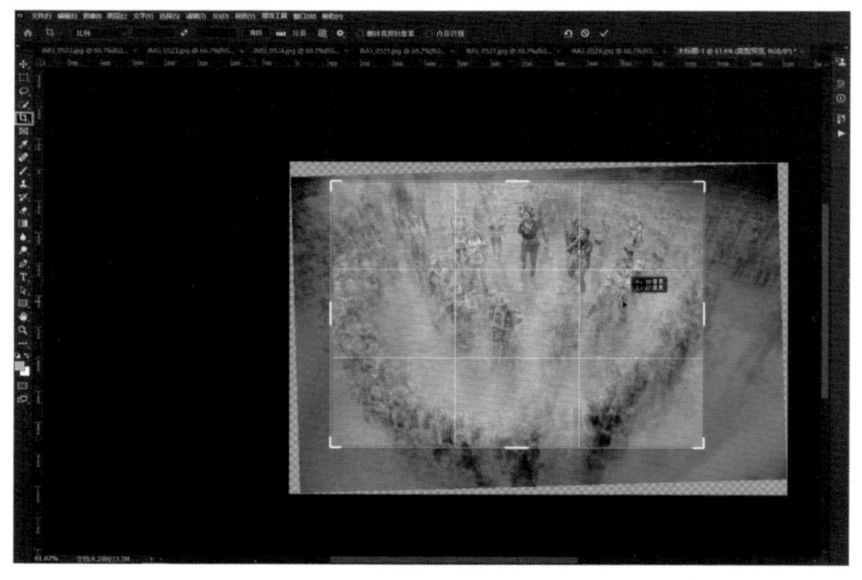

图 5-19

对整体和局部分别调整

单击鼠标右键后选择“拼合图像”，如图 5-20 所示，将照片导入到 Camera Raw 滤镜中，如图 5-21 所示。

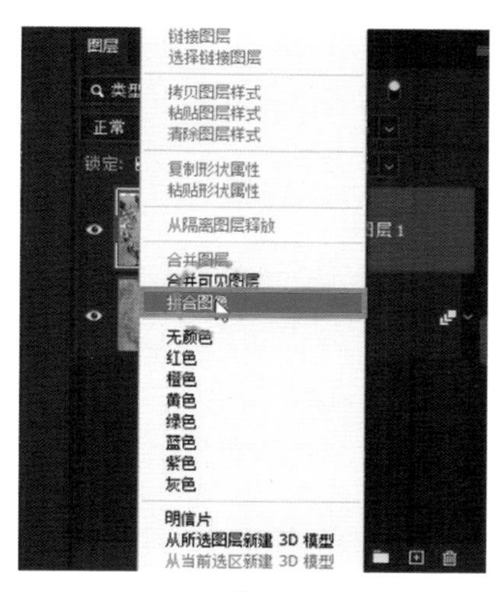

图 5-20

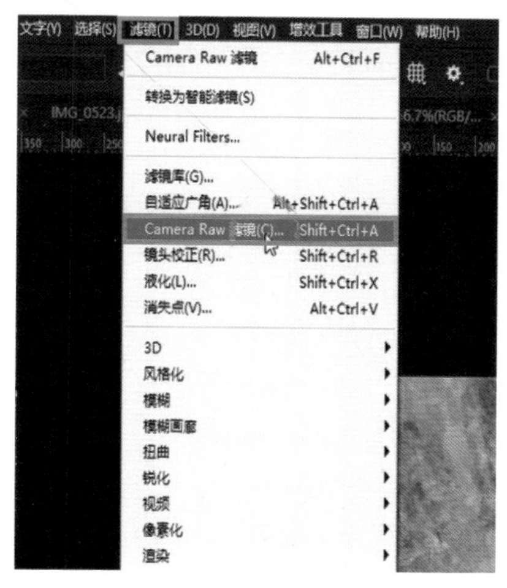

图 5-21

单击“自动”按钮，增加“曝光”值，降低“高光”值，降低“白色”值，增加“对比度”值，还可以将整体的颜色“饱和度”值降低，如图 5-22 所示。

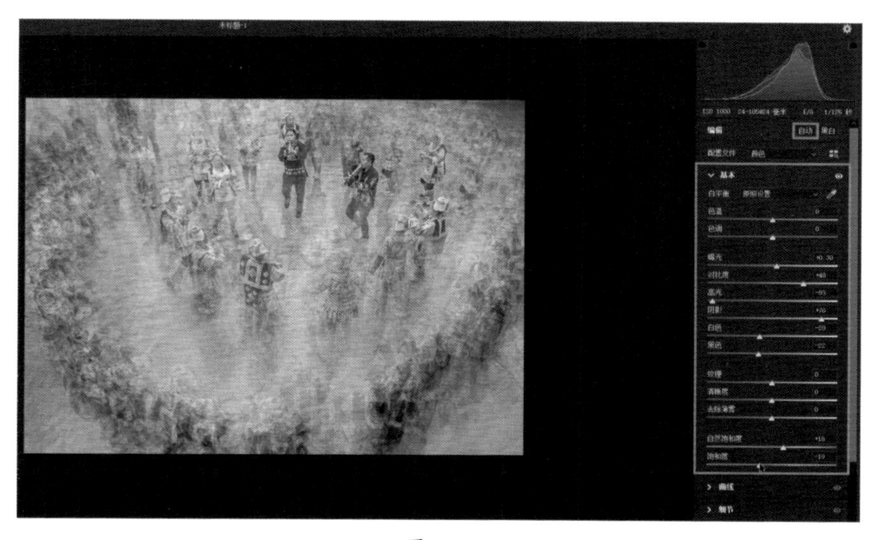

图 5-22

打开“混色器”面板将人群外围部分颜色的各参数降低，选择“目标选择工具”，用鼠标右键单击画面的任意位置，从弹出菜单中选择“饱和度”，如图5-23和图5-24所示。

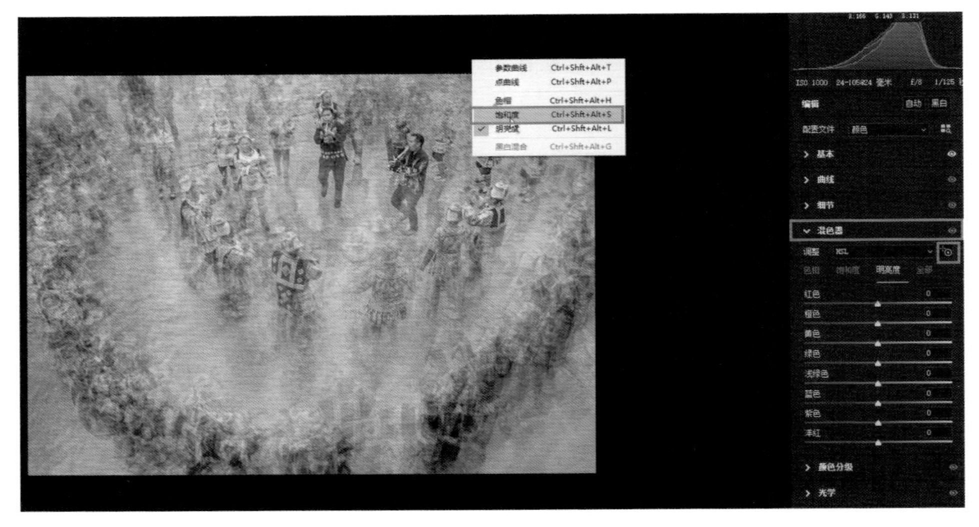

图 5-23

图 5-24

这时候还可以对局部进行调整。使用蒙版里的“画笔”，增加“曝光”值，增加“对比度”值，让整体影调均衡一些，如图 5-25 和图 5-26 所示。

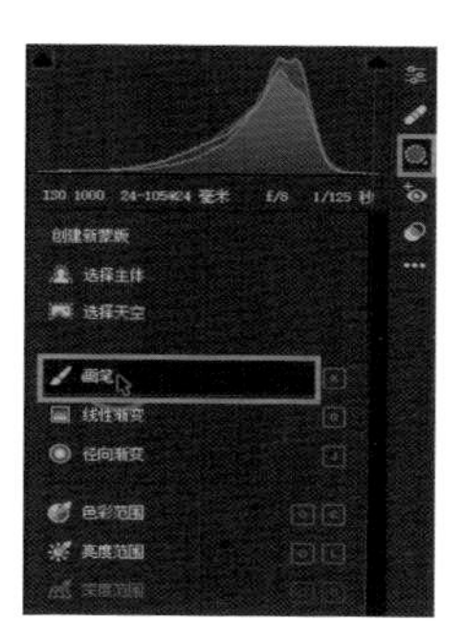

图 5-25

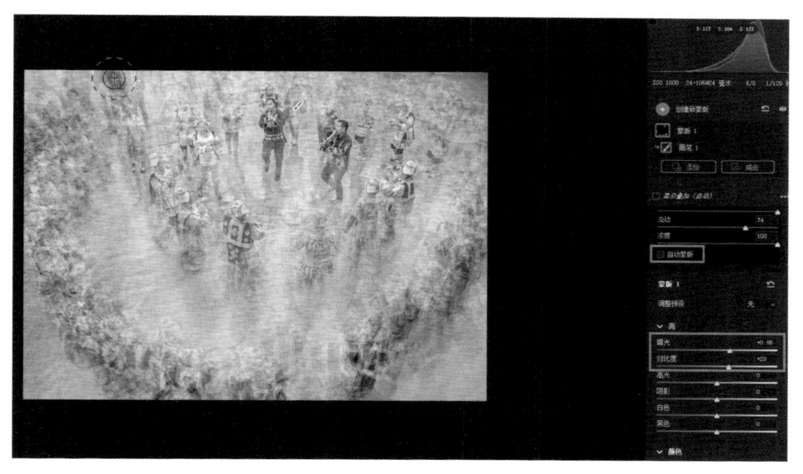

图 5-26

再次使用蒙版里的“径向渐变”来制作暗角，让视觉中心点往里面集中，如图 5-27 和图 5-28 所示。

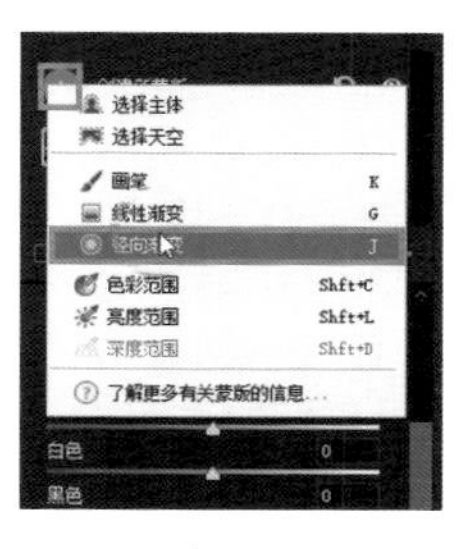

图 5-27

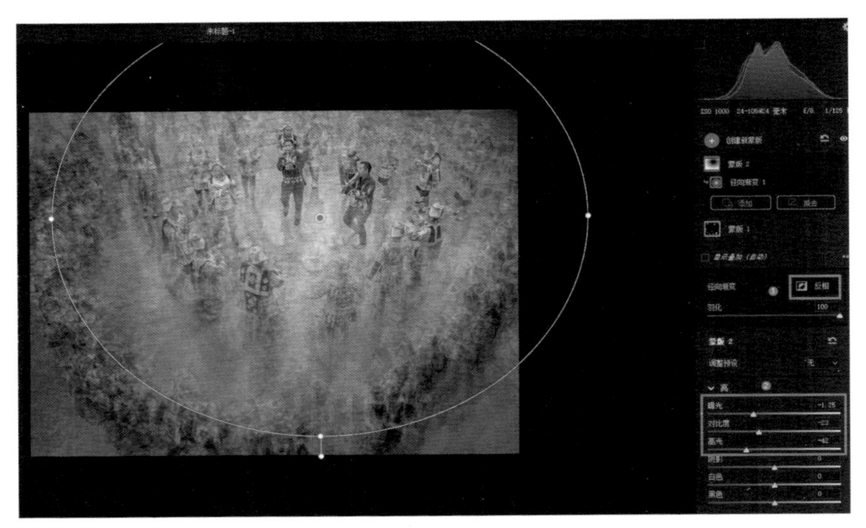

图 5-28

确定最终影调

回到“基本”面板，调整各参数值使画面整体色调偏暖一点，从而画面中的活动氛围感更强烈一些，如图 5-29 所示。

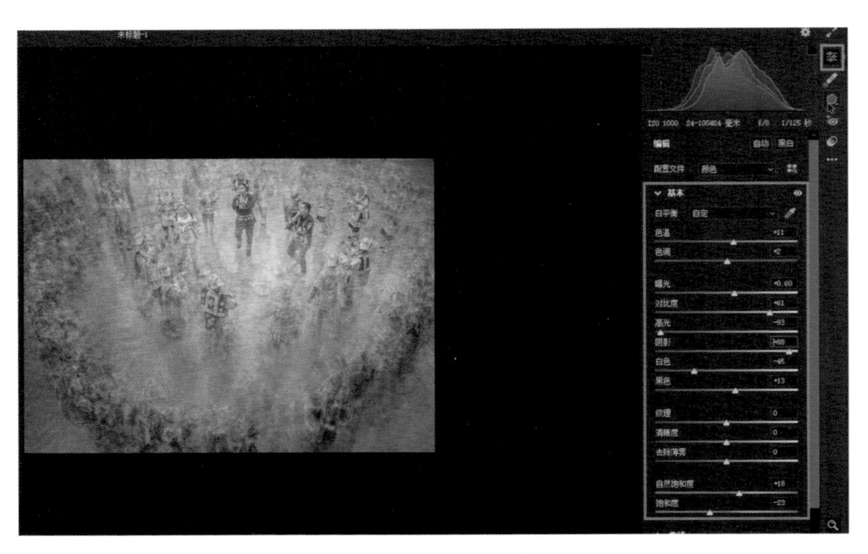

图 5-29

使用蒙版里的“画笔”，降低“曝光”值，降低“对比度”值，涂抹画面的四周，如图 5-30 和图 5-31 所示。

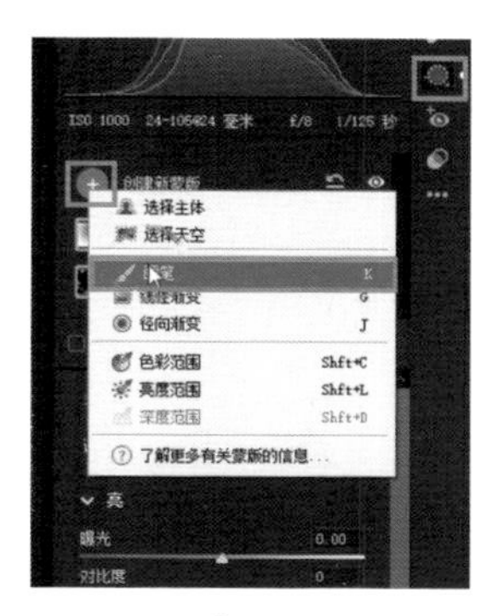

图 5-30

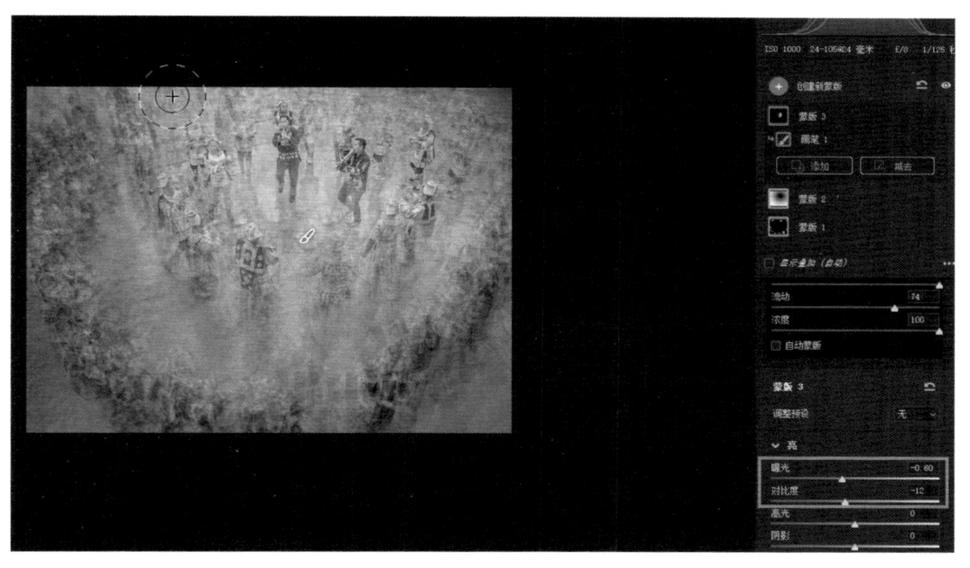

图 5-31

回到“基本”面板，增加“对比度”值，增加“清晰度”值，增加“纹理”值，如图 5-32 所示，就完成了这张照片的调整。

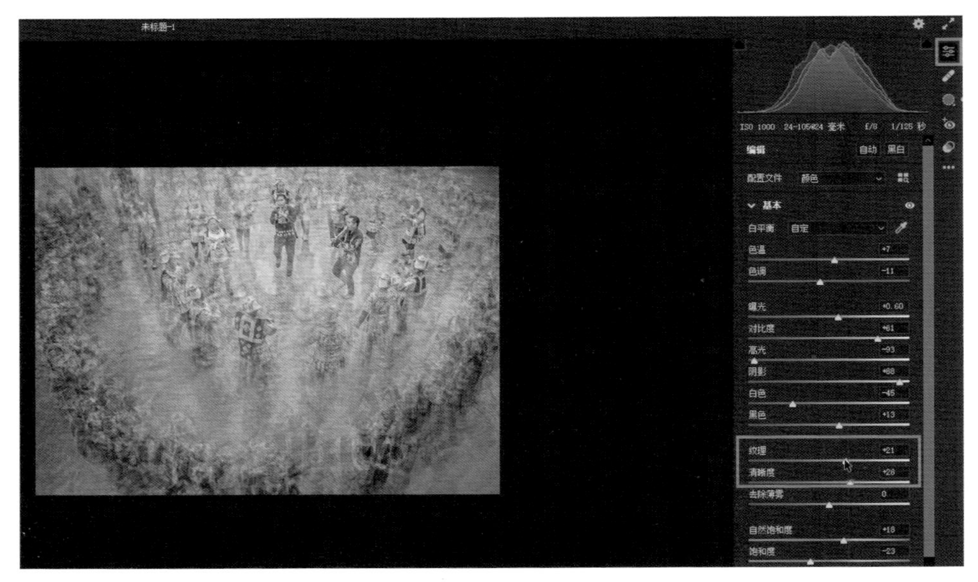
未标题-1
ISO 1000 24-105@24 毫米 f/8 1/125 秒
编辑
自动
黑白
配置文件
颜色
基本
白平衡
自定
色温
+7
色调
-11
曝光
+0.60
对比度
+61
高光
-93
阴影
+88
白色
-45
黑色
+13
纹理
+21
清晰度
+26
去除薄雾
0
自然饱和度
+18
饱和度
-23
图 5-32

第 6 章　活动组照的编辑制作

本章讲解的内容是活动组照的编辑与制作。这组照片是一组斗牛的照片，先从故事性来说，大家可以看到图 6-1 所示的照片中牛在等待上场，牛的主人们在烤火。

图 6-2 所示的这张照片显示了抽签确定比赛的前后顺序的过程。

图 6-1

图 6-2

图 6-3 所示的这张显示了牛的入场过程，牛从观众的人群中间穿过。

图 6-4 所示的这张是斗牛活动以观众的视角拍摄的，透过观众手机的拍摄画面来观看斗牛。

图 6-3

图 6-4

图 6-5 所示的是一张大场景的照片，表现了斗牛的环境，而且两只牛正在准备开始。

图 6-6 所示的这张照片记录了比较激烈的斗牛场面。这张照片所涵盖的信息也非常多。大家从画面中可以看到，有牛王、第二名、第三名等一系列等级。这几个等级奖项的设置间接说明这个比赛还是一个相对比较正规、正式的比赛，并且画面中的横幅提供了比赛的时间、地点信息。

图 6-5

图 6-6

如图 6-7 所示，可以看到这张照片是拉牛角活动的场景。

如图 6-8 所示，这张是斗牛比赛的场景，非常激烈。

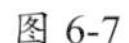

图 6-7

图 6-8

对所有照片整体色调进行调整

大家已经看到这组照片的故事性了，即大概讲述了一场斗牛活动的过程，接下来看一下应对这组照片进行怎样的调整。将鼠标指针放置在界面左侧的缩略图上后，单击鼠标右键并选择“全选”，如图 6-9 所示。因为想要让这组照片的整体影调和色调彼此接近，所以可以直接一起调整。

图 6-9

全选完单击“自动”按钮，降低“高光”值，增加“阴影”值，降低“白色”值，增加“对比度”值，先将整体的细节还原回来，如图 6-10 所示。

图 6-10

在“混色器”面板里将画面中那些抢眼的颜色的“饱和度”值降低，并降低“明亮度”值，如图 6-11 和图 6-12 所示。

图 6-11

图 6-12

回到“基本”面板，增加“清晰度”值，降低“色温”值，降低整体的“饱和度”值，如图 6-13 所示，可以看到基本的影调调整完成。

图 6-13

第一张照片

接下来对每张照片进行局部调整。首先对第一张照片进行裁剪，让画面更加紧凑，如图 6-14 所示。

图 6-14

可以看到环境稍稍有点亮，可将画面中这些环境部分压暗。使用蒙版里的“径向渐变”，单击“反相”，如图 6-15 和图 6-16 所示。

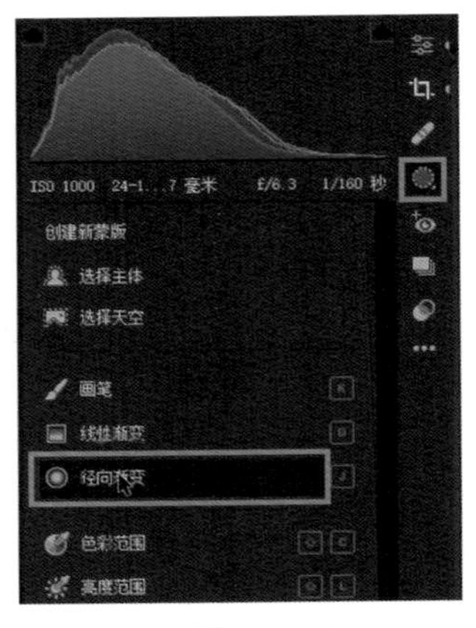

图 6-15

图 6-16

压暗环境，降低“曝光”值，降低“对比度”值，降低“高光”值，如图 6-17 所示。

图 6-17

添加画笔，如图 6-18 所示，用画笔涂抹以将比较亮的部分压暗，如图 6-19 所示。

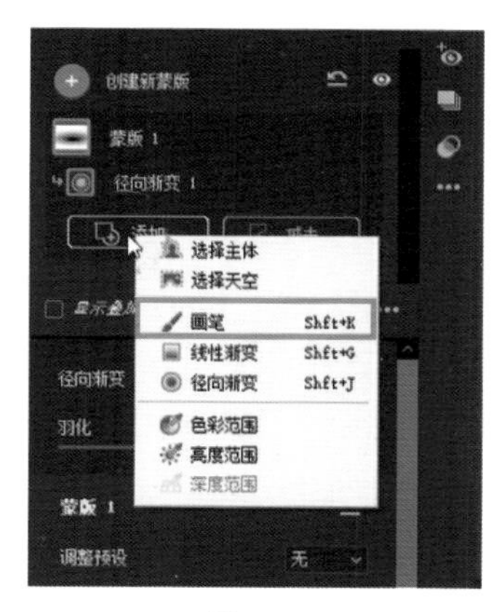

图 6-18

图 6-19

针对仍然太亮的部分，就要添加画笔，创建新的蒙版，降低“曝光”值，降低“对比度”值，降低“高光”值，压暗画面中仍然有些抢眼的部分，如图 6-20 所示。

图 6-20

继续创建画笔，用画笔涂抹来将主体部分提亮，如图 6-21 所示。大家可以看到这张照片的调整大致完成。

图 6-21

第二张照片

接下来调整第二张照片。首先对照片进行裁切，让画面更具紧凑感，如图 6-22 所示。

图 6-22

可以看到画面中几乎所有人都关注着左侧人物手里的球，为了突出主体，也就是画面前方的这三个人，使用蒙版里面的“画笔”将他们提亮一些，如图 6-23 所示。

图 6-23

降低“曝光”值，降低“对比度”值，降低“高光”值，将抢夺画面主体注意力的部分都压暗，如图 6-24 所示。

图 6-24

可以看到调整大致完成了，然后再对主体部分进行强调。创建新的蒙版画笔，增加“曝光”值，增加“对比度”值，涂抹主体人物部分，如图 6-25 所示。

图 6-25

第三张照片

接下来调整第三张照片。由于每张照片中主体位置和曝光均有所区别，所以我们要对每张照片分别进行影调的细节控制。首先降低“曝光”值，如图 6-26 所示。

图 6-26

然后对周围环境中太亮的部分进行压暗。在蒙版里选择“径向渐变”，单击“反相”，这是因为我们要压暗环境，如图 6-27 和图 6-28 所示。

图 6-27

图 6-28

降低“曝光”值，降低“高光”值，降低“对比度”值，如图 6-29 所示。

图 6-29

接下来对主体人物进行提亮。添加新的画笔，增加“曝光”值，增加“对比度”值，涂抹主体部分，如图 6-30 和图 6-31 所示，这张照片也大致调整完成。

图 6-30

图 6-31

回到“基本”面板，调整一下“色温”值，如图 6-32 所示。

图 6-32

第四张照片

对照片进行裁剪，让画面看起来更加紧凑一些，并将视觉点放在观看斗牛的手机屏幕上，如图 6-33 所示。

图 6-33

在蒙版里选择“径向渐变”，单击“反相”，这是因为要压暗环境，如图 6-34 和图 6-35 所示。

图 6-34

图 6-35

单击“减去”按钮，从弹出菜单中选择“画笔”，将画面中不需要压暗的部分还原回来，如图 6-36 和图 6-37 所示。

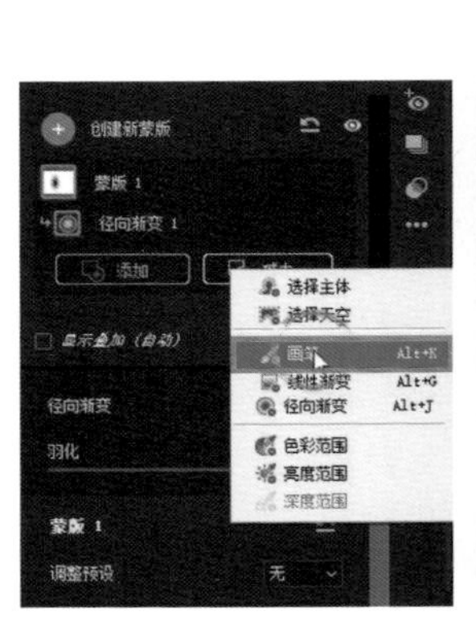

图 6-36

图 6-37

增加“曝光”值，增加“对比度”值，将视觉点所在的区域提亮一些，如图 6-38 所示。

图 6-38

第五张照片

对照片进行裁切，让画面看起来更加紧凑一些，如图 6-39 所示。

图 6-39

选择蒙版里的“画笔”，降低“曝光”“对比度”“高光”值，对画面进行涂抹，压暗环境，如图 6-40 和图 6-41 所示。

图 6-40

图 6-41

再次创建画笔，增加“曝光”值，增加“对比度”值，将主体部位提亮，即，将视觉点所在部分稍微提亮，如图 6-42 所示。

图 6-42

第六张照片

对照片进行裁切，让画面看起来更加紧凑，视觉效果更加强烈，如图 6-43 所示。

图 6-43

选用“径向渐变”，压暗周围的环境，如图 6-44 所示。

图 6-44

如果周围环境还不够暗，可以继续添加画笔进行压暗，如图 6-45 所示。

图 6-45

第七张照片

对照片进行裁剪，让画面更加紧凑一些，如图 6-46 所示。

图 6-46

选择“径向渐变”，单击“反相”，降低“曝光”值，降低“对比度”值，降低“高光”值，将环境压暗，如图 6-47 所示。

图 6-47

第八张照片

还是先进行裁切，可以将画面中稍显多余的背景部分裁切掉，让画面看起来更加紧凑一些，如图 6-48 所示。

图 6-48

选用蒙版里的画笔，降低“曝光”值，降低“对比度”值，降低“高光”值，涂抹画面中抢眼的部分，如图 6-49 所示。

图 6-49

创建新的画笔，增加“曝光”值，增加“对比度”值，将主体提亮一些，如图 6-50 所示。

图 6-50

可以看到这张照片与其他照片不同，整体色温相对偏蓝，可以通过预览图来查看各照片的色温是否一样，如图 6-51 所示。

图 6-51

如图 6-52 所示，可以看到这组照片的调整已完成，各画面整体的影调、色调非常协调，整体的视觉感非常好、非常统一，还具有厚重感。

图 6-52

第 7 章 缤纷节日的街头

本章讲解的内容是缤纷节日街头的照片的调整，调整前后效果对比如图 7-1 和图 7-2 所示。可以看到画面色彩的缤纷感被调整得非常到位，艺术气氛得到了明显的渲染提升，调整前后反差非常大，让画面视觉感得到了很大的提升。

图 7-1

图 7-2

初步调整影调

如图 7-1 所示，大家可以看到小孩子脸上颜料的色彩非常漂亮。对于这种颜色多的照片，可以让颜色从画面中突显出来。首先对照片进行裁切，让视觉感更加集中，单击鼠标右键后选择“长宽比”，选择“1 × 1”，然后在画面上拖动裁切框进行裁切，如图 7-3 和图 7-4 所示。

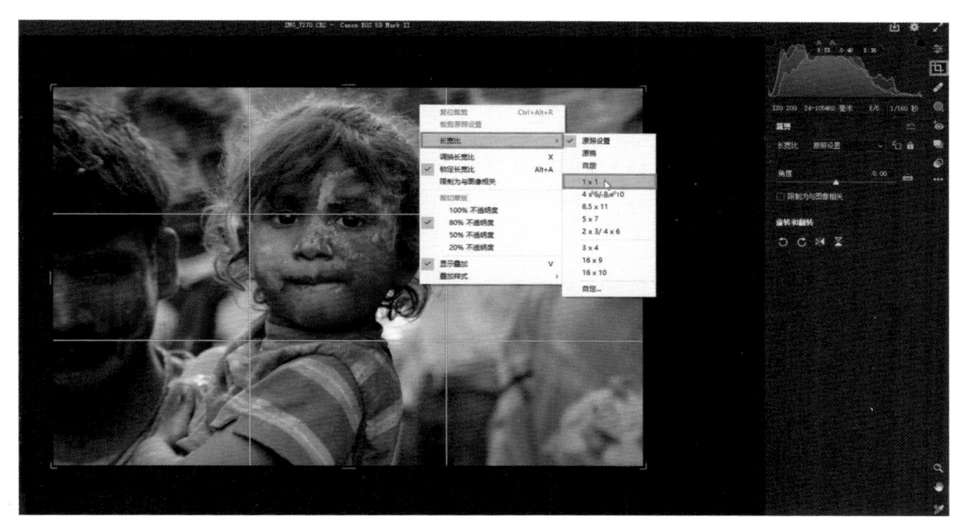

图 7-3

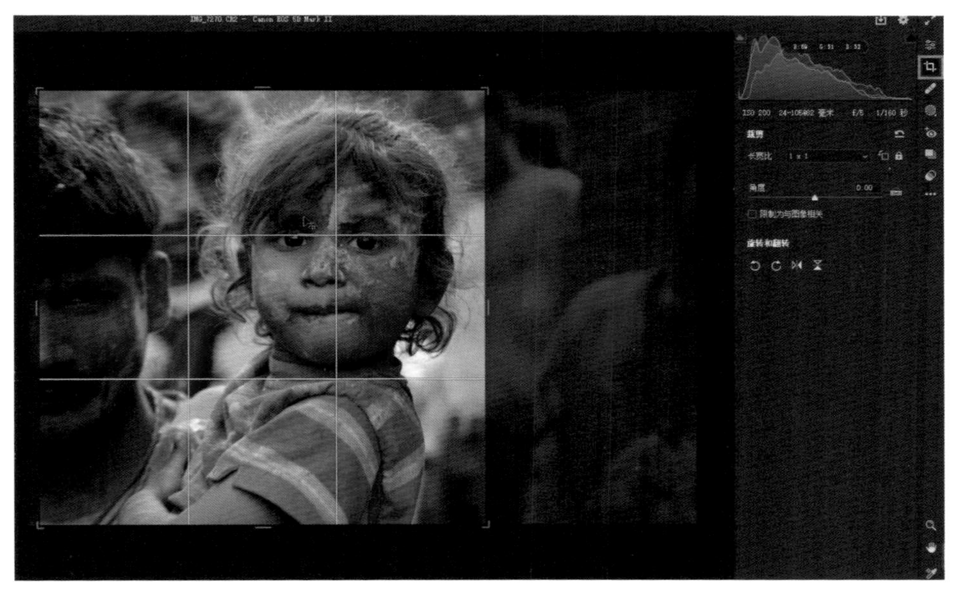

图 7-4

接下来对画面的整体影调进行初步调整。单击“自动”按钮，降低“高光”值，增加“阴影”值，降低“白色”值，增加“对比度”值，增加“黑色”值，如图 7-5 所示，可以看到画面的整体影调调整已完成。

图 7-5

单击“打开”按钮，进入 Photoshop 中，如图 7-6 所示。

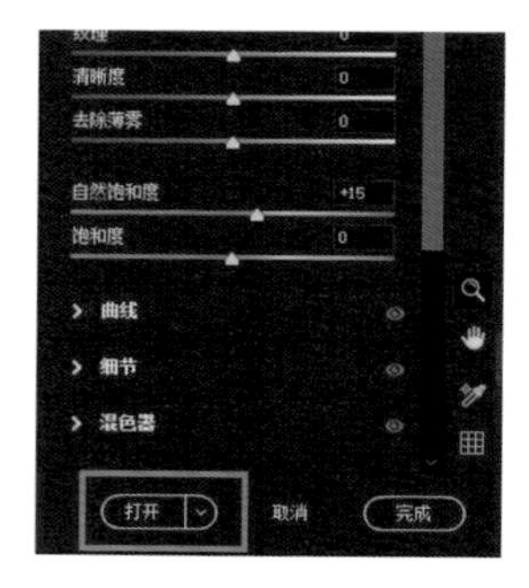

图 7-6

给人物脸部附着色彩

接下来让小孩子脸上没有颜色的部分也附着上颜色，让画面色彩更加凸显。新建一个空白图层，如图 7-7 所示。

将这个空白图层的混合模式改为“颜色”，如图 7-8 所示。

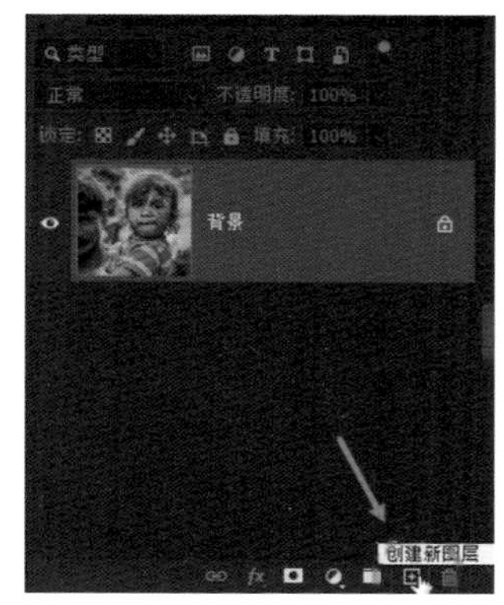

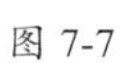
图 7-7

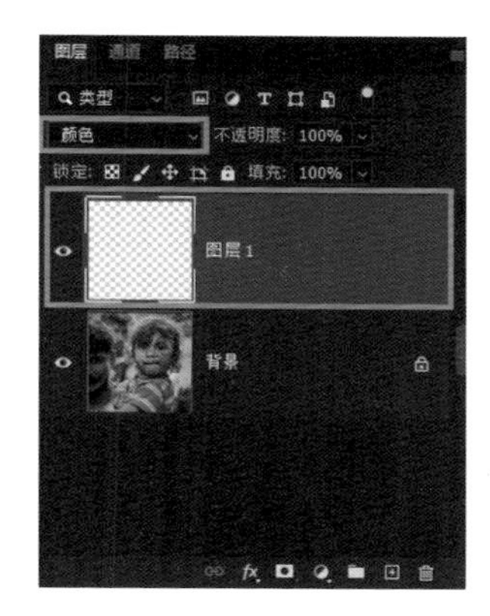

图 7-8

用拾色器选择画面中的颜色，将前景色改为绿色，单击“确定”按钮，如图 7-9 所示。

图 7-9

将画笔的混合模式改为“正常”，将“不透明度”值降低一些，涂抹小孩子脸部，如图 7-10 所示。

图 7-10

用拾色器吸取画面中的红色，将前景色设为红色，涂抹小孩儿脸上没有颜色的部分，如图 7-11 和图 7-12 所示。

图 7-11

图 7-12

用拾色器吸取画面中的黄色，将前景色设为黄色，并将画笔缩小一些来涂抹小孩子的头发，让头发部分也可以附着上颜色，如图 7-13 所示。

图 7-13

可以看到我们通过简单的操作，就让小孩子的脸上有更加丰富的色彩，用鼠标右键单击任意图层后选择“拼合图像”，如图 7-14 所示。

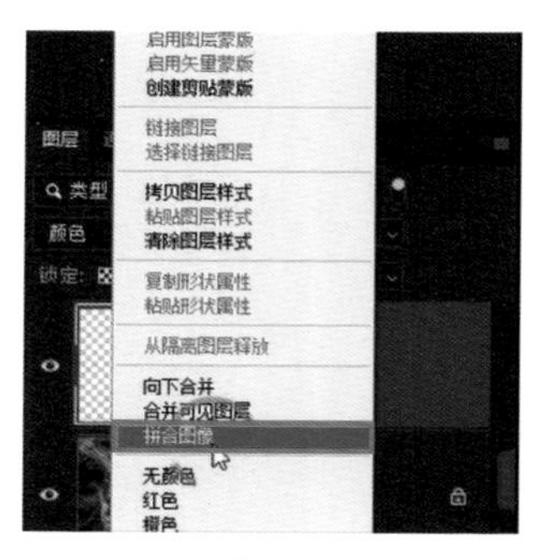

图 7-14

给环境附着色彩

现在要将环境的色彩也调得更加的缤纷一些。创建新的纯色图层，为它添加橙色，单击“确定”按钮，如图 7-15 和图 7-16 所示。

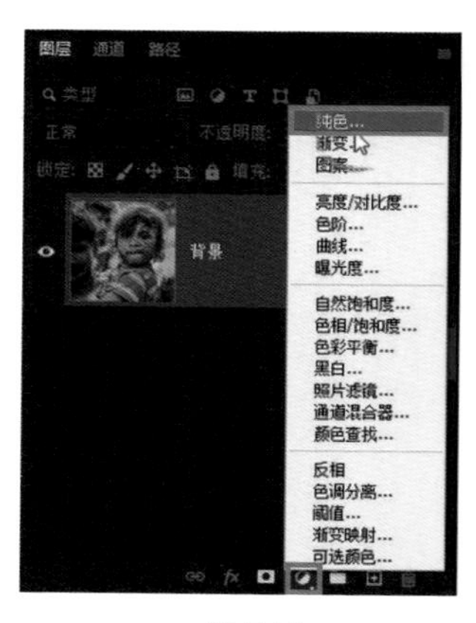

图 7-15

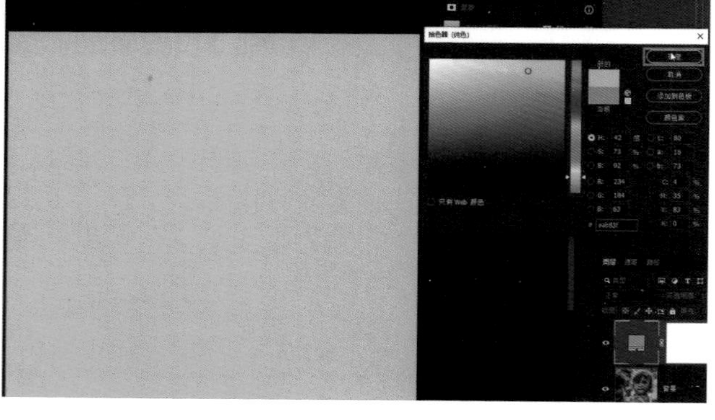

图 7-16

单击蒙版，然后单击“滤镜”菜单，选择“渲染”—“分层云彩”，如图 7-17 和图 7-18 所示，可以看到画面中加入了纹理效果的色彩。

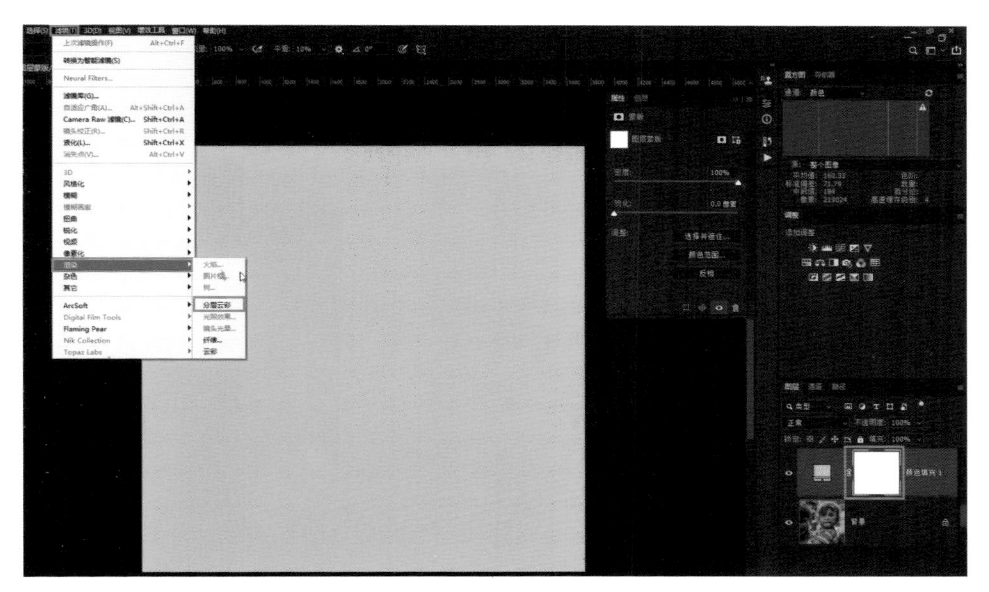

图 7-17

图 7-18

但是现在的效果还不是很好，所以单击“编辑”菜单，选择“自由变换”，将蒙版拉大一些，使色彩覆盖范围扩散得大一些，如图 7-19 和图 7-20 所示。

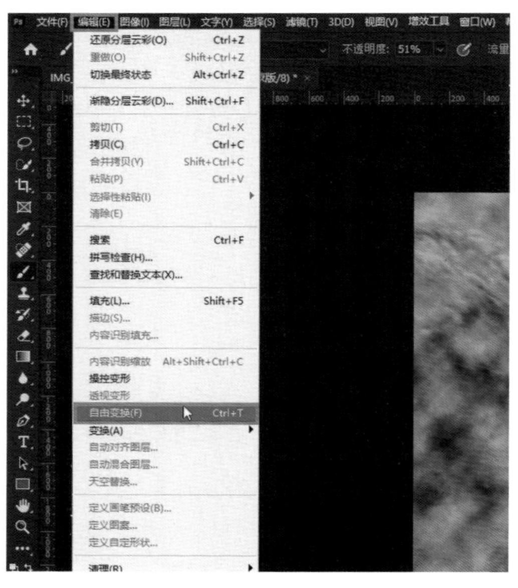

图 7-19

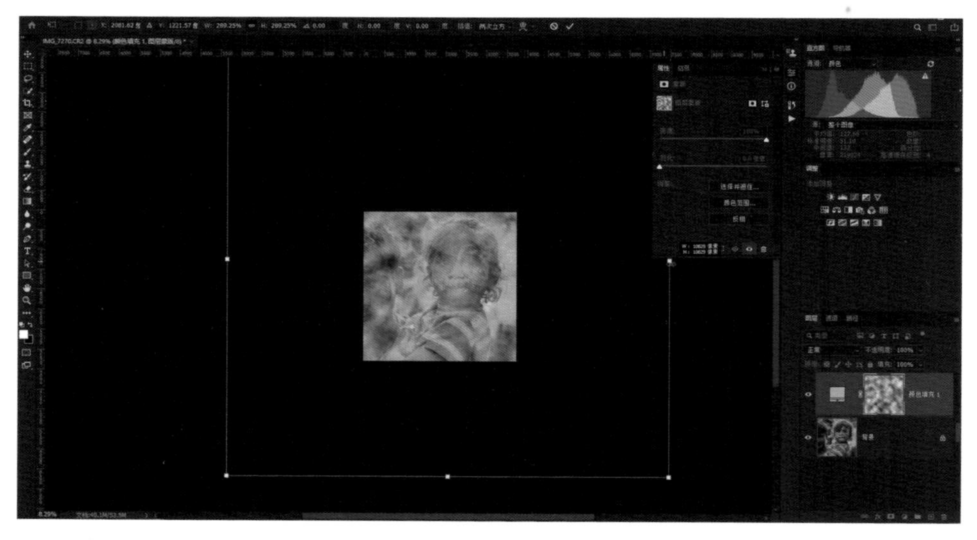

图 7-20

可以看到人物周围色彩附着效果非常好，但是人物却被遮挡了，所以选择“渐变工具”，将前景色设为黑色，选择“前景色到透明渐变”，选择“径向渐变”，再涂抹画面中不想要被色彩附着上的部分，如图 7-21 所示。

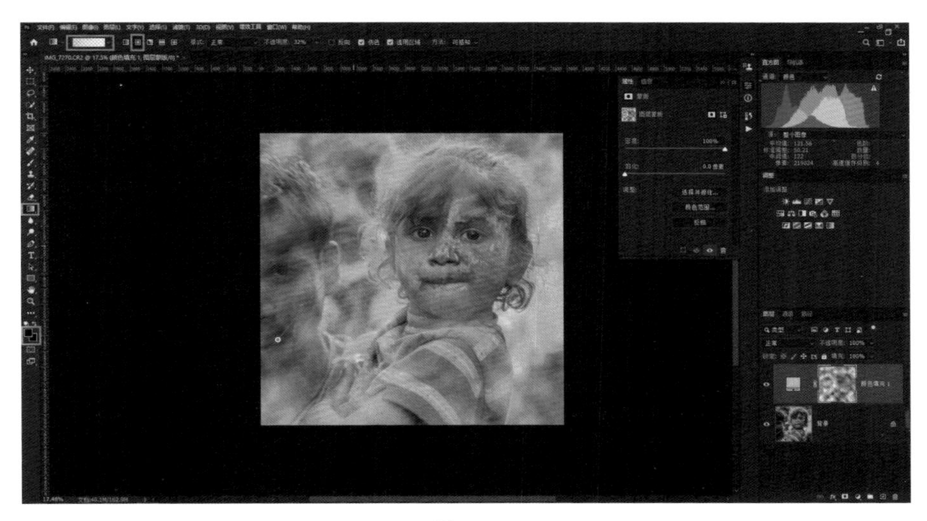

图 7-21

最终影调调整

用鼠标右键单击图层后选择“拼合图像”，如图 7-22 所示，再将照片导入到滤镜 Camera Raw 滤镜中进行最终影调调整，如图 7-23 所示。

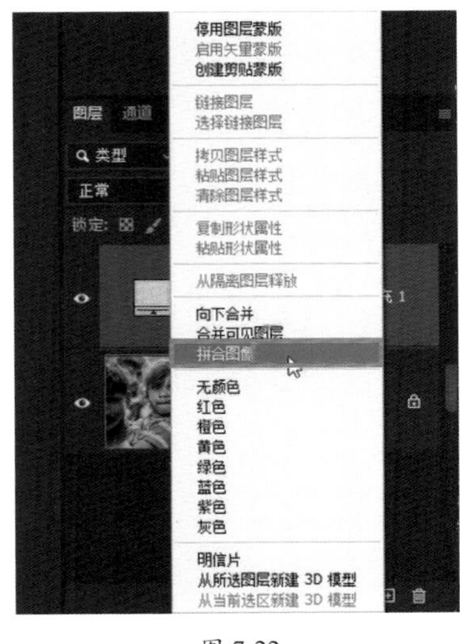

图 7-22

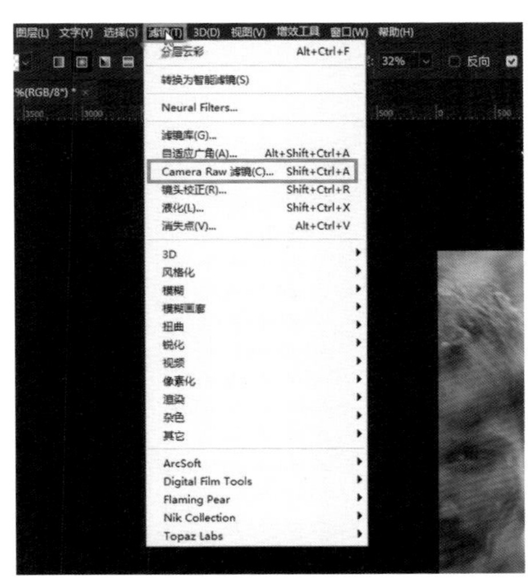

图 7-23

单击“自动”按钮，增加“曝光”值，让色调亮起来，如图 7-24 所示，这样就完成了对这张照片的调整。

图 7-24

第 8 章　经典的咖啡色调

本章讲解的内容是如何实现经典的咖啡色调效果，调整前后效果对比如图 8-1 和图 8-2 所示。可以看到调整后，视觉中心点的转变让主体更加突显，画面色调更加均衡，不再有某个颜色特别突出。

图 8-1

图 8-2

整体影调调整

将照片导入到 Camera Raw 滤镜中进行调整。大家可以看到这是一张拍摄了线狮表演的照片，如图 8-3 所示。

图 8-3

首先对照片进行裁切，让画面中的各元素看起来更加集中，布局更加紧凑，如图 8-4 所示。

图 8-4

接下来对照片的影调进行调整。单击“自动”按钮，在此基础上进一步调整参数，降低“高光”值，先将整体细节还原，可以根据人物的亮度进行调整，周围的环境可以等下再进行处理，如图 8-5 所示。

图 8-5

选择蒙版里的“径向渐变”，单击“反相”，降低“曝光”值，降低“高光”值，降低“对比度”值，将环境压暗，如图 8-6 和图 8-7 所示。

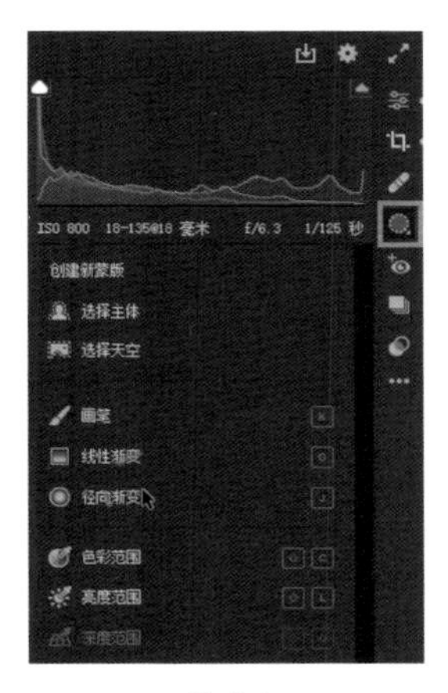

图 8-6

图 8-7

将不需要压暗的部分用减去画笔涂抹，将其亮度还原回来，如图 8-8 和图 8-9 所示。

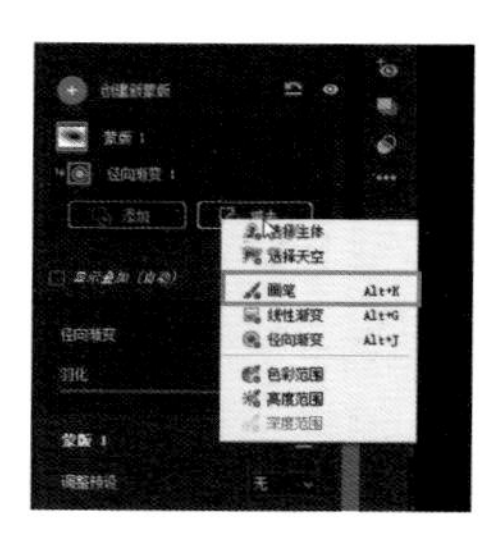

图 8-8

图 8-9

接下来将画面中干扰主体的部分压暗。创建新的画笔蒙版，降低“曝光”值，降低“对比度”值，降低“高光”值，涂抹这些比较干扰主体的部分，如图 8-10 和图 8-11 所示。

图 8-10

图 8-11

如果得到的效果不太理想，我们可以创建新的画笔，将这些影响主体表达的部分都进行压暗处理，让视觉中心点往主体部分集中，如图 8-12 和图 8-13 所示。

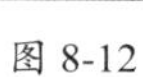

图 8-12

图 8-13

回到“基本”面板，为画面增加一些黄色调，降低画面整体的“饱和度”值，增加“对比度”值，将“曝光”值降低一些，并增加“清晰度”值，如图 8-14 所示。

图 8-14

在“混色器”面板中将比较浓郁的颜色的“饱和度”值降低一些，并且将“明亮度”值也降低一些，如图 8-15 和图 8-16 所示。

图 8-15

图 8-16

强调主体

接下来创建新的画笔，增加“曝光”值，增加“对比度”值，对人物主体进行刻画，同时对狮子的头部也进行刻画，如图 8-17 和图 8-18 所示。

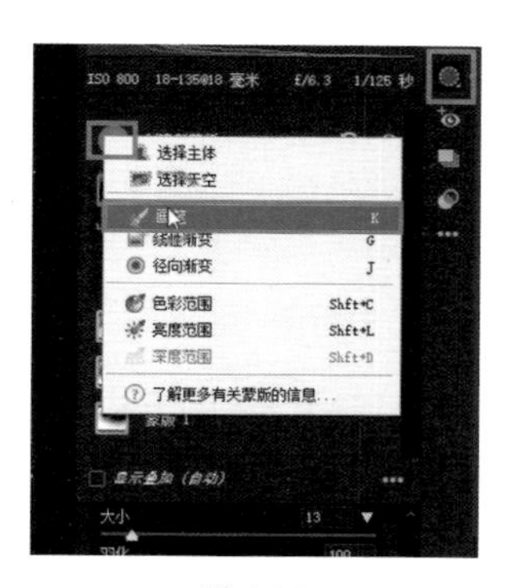

图 8-17

图 8-18

将色温再稍稍进行一点调整，让咖啡色的效果体现出来，从而完成这张照片的调整，如图 8-19 所示。

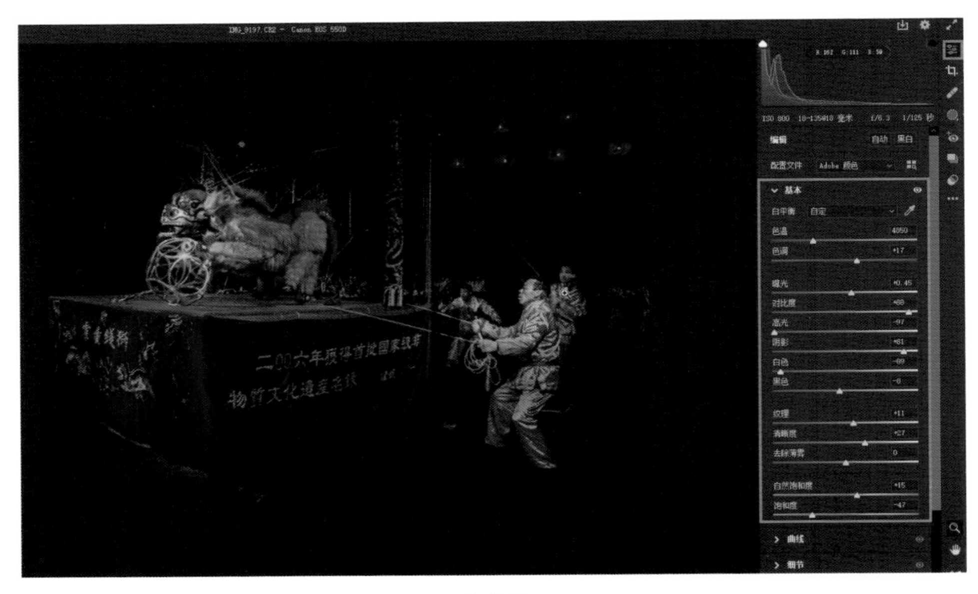

图 8-19

第 9 章　神秘青色调

本章讲解的内容是如何实现神秘的青色调，调整前后对比如图 9-1 和图 9-2 所示。大家可以看到照片调整后，神秘感就出来了，并且视觉中心点更加集中，主体更加突显，艺术氛围也得到了提升。

图 9-1

图 9-2

初步调整影调

将照片导入 Camera Raw 滤镜中，如图 9-3 所示。大家可以看到这是一张拍摄了浙江朱家村的跳竹马活动的照片。由于平时很少能见到这种类型的民俗活动，所以要将其打造出青色调这种神秘的感觉。

图 9-3

首先对照片进行裁切，让画面更紧凑，视觉感也更集中，如图 9-4 所示。

图 9-4

对照片的整体影调进行初步调整。单击“自动”按钮，降低“高光”值，将细节还原回来，整体亮度的调整可以根据人物主体来参考进行，如图 9-5 所示。

图 9-5

压暗环境

接下来对画面中主体周围的环境进行处理。可以看到这些部分相对比较抢眼，可以选择蒙版里的“径向渐变”，单击“反相”，降低“曝光”值，降低“对比度”值，降低“高光”值，如图 9-6 和图 9-7 所示。

图 9-6

图 9-7

将不需要压暗的部分用减去画笔将亮度还原回来，如图 9-8 和图 9-9 所示。

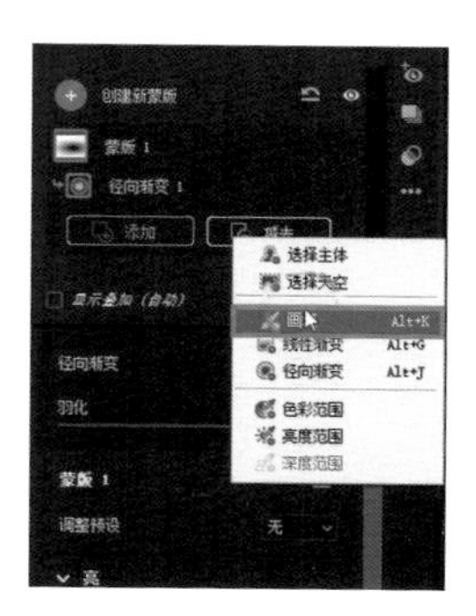

图 9-8

图 9-9

新建画笔，降低“曝光”值，降低“对比度”值，降低“高光”值，并涂抹主体周围较亮的部分，让视觉感往中心部分集中，如图 9-10 和图 9-11 所示。

图 9-10

图 9-11

降低饱和度

接下来我们对照片的色调进行调整，让那些比较抢眼的颜色不那么明显，如图 9-12 所示。

图 9-12

打造青色调

可以看到画面的基本影调已调整完毕，接下来将为画面创建想要的青色调。创建新的蒙版，选择“线性渐变”，如图 9-13 所示。因为想要将整张照片打造为青色调，将渐变放置在照片底部，然后可以看到红色遮罩覆盖的选区，如图 9-14 所示。

图 9-13

图 9-14

接下来将不需要附着青色调的部分，使用减去画笔进行涂抹。这里大家可以看到画面中人物比较突显，在这种情况下，可以尝试一下选择主体，看看是否会识别减去主体，如图 9-15 和图 9-16 所示。

图 9-15　　图 9-16

可以观察到大致减去了人物主体附着的青色调，主要是让人物脸部不要附着青色调即可，如图 9-17 和图 9-18 所示。

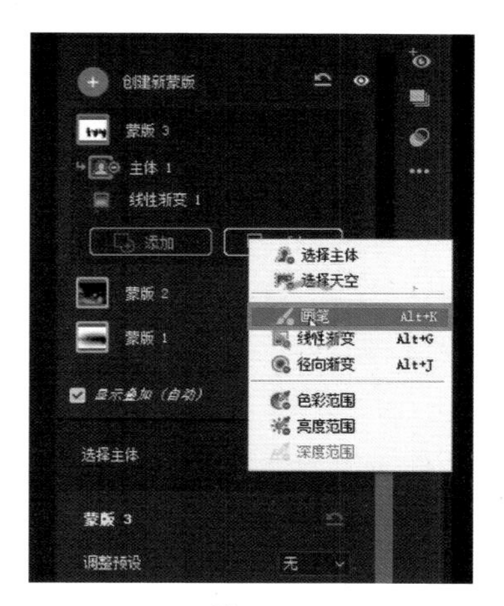

图 9-17

图 9-18

在右侧面板区域向下滚动鼠标滚轮，单击“颜色”，可以看到出现了“拾色器”对话框。我们想要让照片附着上青色，吸取颜色后，单击“确定”按钮，如图 9-19 所示。

图 9-19

还可以对刚才所选的部分进行影调的调整，降低“高光”值，稍稍增加“曝光”值，这些调整可以根据具体需要反复进行，如图 9-20 所示。

图 9-20

最终影调调整

创建新的“径向渐变”，单击“反相”，降低“曝光”值，降低“对比度”值，降低“高光”值，如图 9-21 和图 9-22 所示。

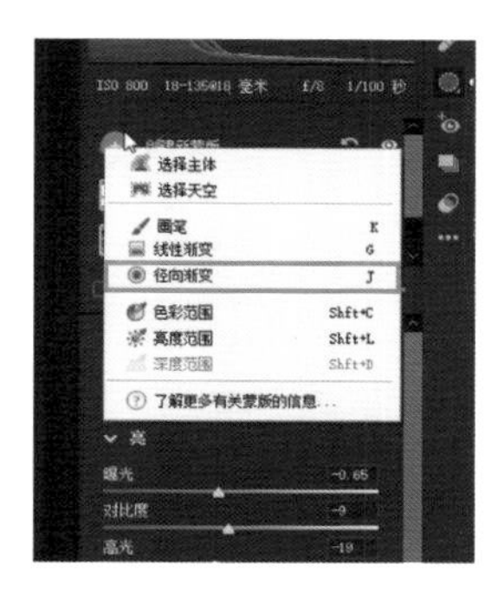

图 9-21

图 9-22

如果觉得颜色太浓，可以回到“基本”面板，降低“饱和度”值，增加“清晰度”值，增加“纹理”值，如图 9-23 所示。我们可以不断地分析，不断地找问题并进行调整，这样就完成了这张照片的调整。

图 9-23

第 10 章　民俗人像的淡黄色调

本章为大家讲解的内容是民俗人像的淡黄色调，来看一下调整前后的效果对比，如图 10-1 和图 10-2 所示。可以看到调整后画面中人物的视觉感更为集中，并且整个画面氛围显得更温馨，不再像冷色调的原图那样给人冷冰冰的感觉。

图 10-1

图 10-2

初步调整影调

将照片导入到 Camera Raw 滤镜中，如图 10-3 所示。可以看到这是一张拍摄于贵州姊妹节的照片。画面中当地少女身穿颇具特色的民族服装，佩戴华丽繁复的银饰。这套穿戴非常复杂，常需要别人帮忙，而这张照片便记录了姊妹之间互相帮忙整理头饰的场景。

图 10-3

要想将画面打造成淡黄色调，从而让画面整体更加温馨，应首先对照片进行裁切，让画面看起来更加紧凑，可采用自定义长宽比进行裁切，如图 10-4 所示。

图 10-4

接下来对画面的整体影调进行初步调整。单击“自动”按钮，先将整体细节还原回来，降低“高光”值，增加“阴影”值，降低“白色”值，增加“对比度”值，如图 10-5 所示。

图 10-5

调整饱和度、明亮度、色相

在混合器中使用“目标调整工具”，单击鼠标右键，会出现“色相”“饱和度”和“明亮度”等选项，选择“饱和度”，如图 10-6 所示。将鼠标指针放置在想要降低饱和度的位置，按住鼠标左键往左滑动，就可以降低该区域的饱和度，如图 10-7 所示。

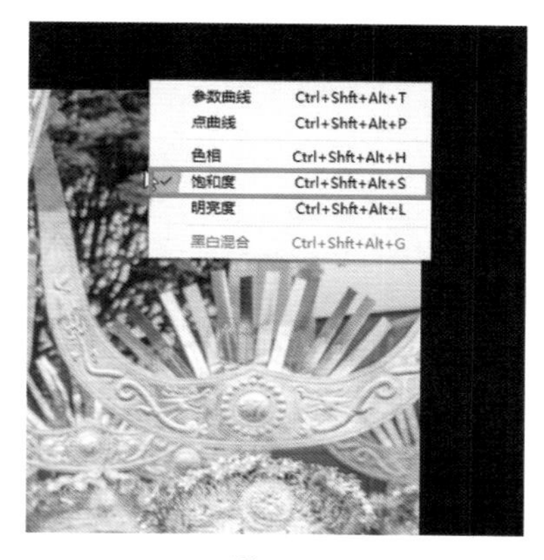

图 10-6

图 10-7

用同样的方法降低画面的明亮度，并将这些花的颜色的饱和度也降低一些。因为刚刚的调整使蓝色衣服变成了紫色，所以再调整蓝色的色相，这样整体的色调调整就初步完成了，如图 10-8 到图 10-10 所示。

图 10-8

图 10-9

图 10-10

打造淡黄色调

接下来使画面呈现淡黄色调。展开“曲线”面板，选择蓝色通道，将曲线的最高点往下移动，可以看到淡黄色调就呈现在画面中了，如图 10-11 所示。

图 10-11

回到“基本”面板，增加“对比度”值，增加“曝光”值，再将“色温”滑块往黄色方向调整一些，将画面整体的“饱和度”值降低一些，如图 10-12 所示。

图 10-12

可以看到人物嘴唇的颜色由于前面的调整而变得太淡了，回到“混色器”面板，调整饱和度，这样就舒服多了，如图 10-13 所示。

图 10-13

提亮主体

接下来对画面中的主体人物进行提亮。选用蒙版里的画笔，增加“曝光”值，增加“对比度”值，涂抹比较暗的部分，银饰可以提亮一些，如图 10-14 和图 10-15 所示。

图 10-14

图 10-15

新建蒙版画笔，降低“曝光”值，降低“对比度”值，降低“高光”值，涂抹画面中过亮的部位，如图 10-16 和图 10-17 所示。我们可以对画面进行反复调整，从而达到理想的效果。

图 10-16

图 10-17

回到“基本”面板，适当地增加一点“清晰度”值，如图 10-18 所示，这样就完成了这张照片的调整。

图 10-18

第 11 章　黑白影调的制作

本章讲解的内容是黑白影调的制作，调整前后如图 11-1 和图 11-2 所示。可以看到调整前后视觉感完全不同，调整后视觉更加集中，对人物的刻画、船体质感的表现都处理得非常完美。

图 11-1

图 11-2

转换为黑白照片

将照片导入到 Camera Raw 中进行调整，如图 11-3 所示。可以看到这张照片拍摄的是福建石狮的海上泼水节。海上泼水节是当地比较特色的民俗活动，因为在海上举办，有着与以往看到的泼水节不同的感觉。

图 11-3

首先第一步还是对照片进行裁切，让画面整体看起来更加紧凑一些。因为想要体现出泼水节是在海上进行的，所以水面可以多留一些，天空可以多裁一些，如图 11-4 所示。

图 11-4

接下来对照片的整体进行调整。单击“黑白”按钮，如图 11-5 所示，将照片转换成黑白色的。在“黑白混色器”面板中，单击“自动”按钮，在此基础上进一步调整面板中的滑块，可以左右滑动滑块来看一下效果，如图 11-6 所示。

图 11-5

图 11-6

整体影调调整

回到“基本”面板，单击“自动”按钮，对画面的整体影调再进行调整。降低“高光”值，增加“阴影”值，降低“白色”值，稍稍增加“曝光”值，增加“对比度”值，让画面正中的水花突显出来，并按照人物的亮度进行调整，如图 11-7 所示。

图 11-7

调整完以后可以看到画面中环境太亮了一些。选择蒙版里的“径向渐变”，单击“反相”，降低“曝光”值，降低“高光”值，降低“对比度”值，可以适当调整选区位置来确定所调整的区域，如图 11-8 和图 11-9 所示。

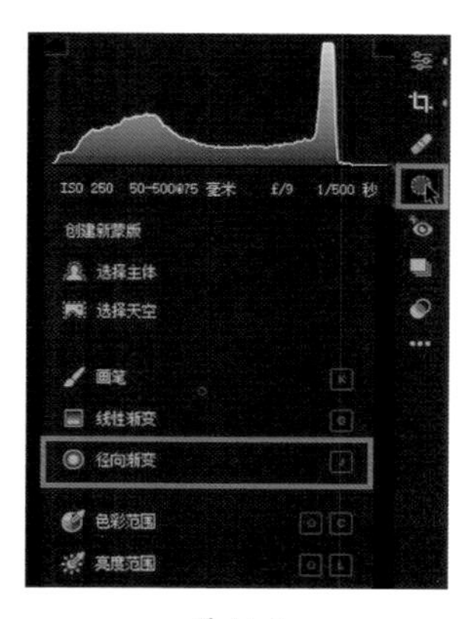

图 11-8

图 11-9

还可以使用蒙版画笔，降低“曝光”等参数的值，将人物的衣服压暗一些，如图 11-10 和图 11-11 所示。

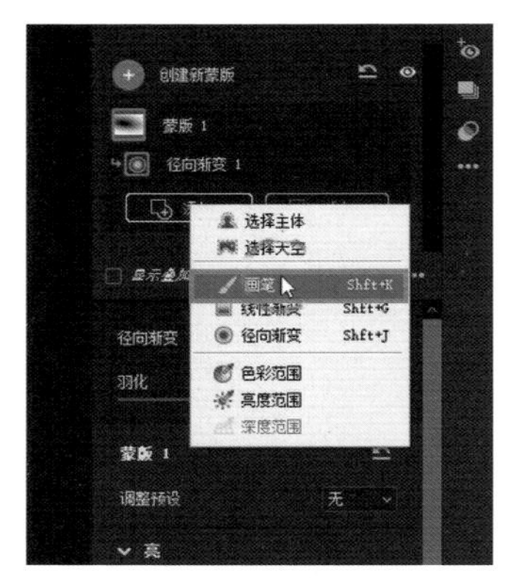

图 11-10

图 11-11

刻画水花、船体

创建蒙版画笔，增加“曝光”值，增加“对比度”值，增加“清晰度”值，涂抹画面中的水花部分，如图 11-12 和图 11-13 所示。

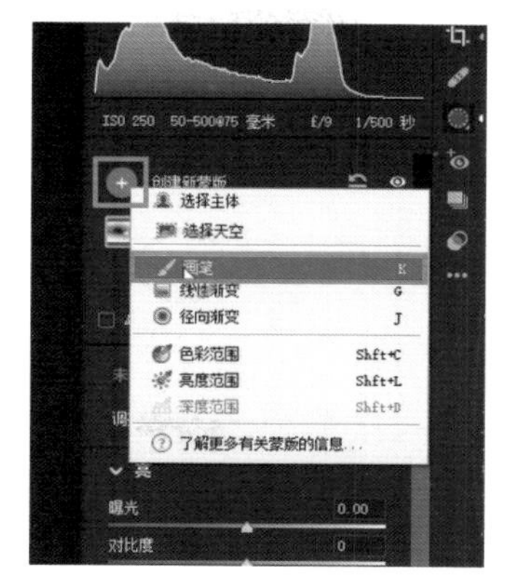

图 11-12

图 11-13

再次创建画笔，增加“清晰度”值，增加“纹理”值，来刻画船体的纹理效果，让其更清晰，纹理更加明显，如图 11-14 和图 11-15 所示。

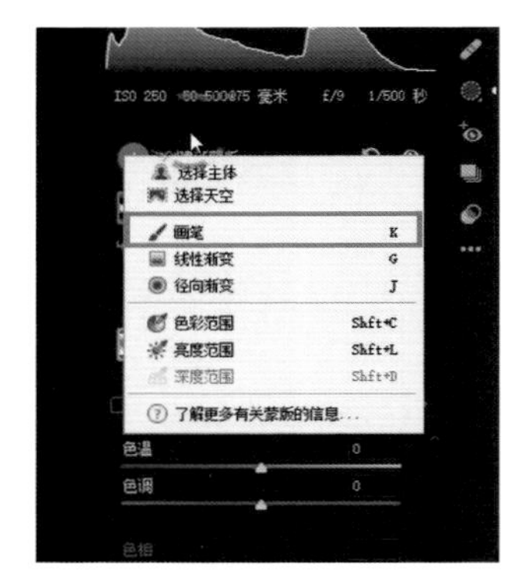

图 11-14

图 11-15

因为天空还稍稍有点亮，对天空部分进行压暗。创建“线性渐变”，按住鼠标左键并从天空区域上向下拉，降低“曝光”值，降低“高光”值，降低“对比度”值，如图 11-16 和图 11-17 所示。

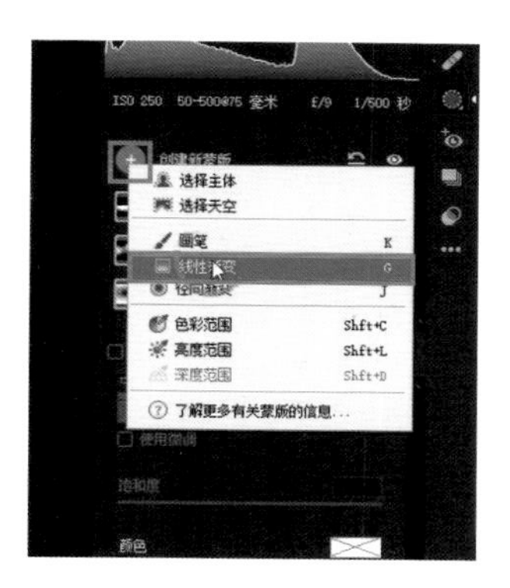

图 11-16

图 11-17

添加画笔，觉得不够暗的部分再涂抹一下，如图 11-18 所示。

回到“基本”面板再次调整，如图 11-19 所示。由于刚刚进行的是局部清晰度的调整，这样调整出的画面才有层次感，有些地方清晰、有些地方朦胧，而不会所有地方都是一样的清晰度。

创建新蒙版
蒙版 4
画笔 1
线性渐变 1
添加
减去
蒙版 3
蒙版 2
蒙版 1
画笔
反相
大小
羽化
流动
浓度
自动蒙版
蒙版 4
调整预设

图 11-18

编辑
自动
黑白
配置文件
基本
白平衡
色温
色调
曝光
对比度
高光
阴影
白色
黑色
纹理
清晰度
去除薄雾
曲线
细节

图 11-19

创建新的画笔，降低“曝光”值，降低“对比度”值，涂抹画面中的水花部分，如图 11-20 和图 11-21 所示。根据画面整体呈现的视觉感来不断地进行调整，这样这张照片的调整就完成了。

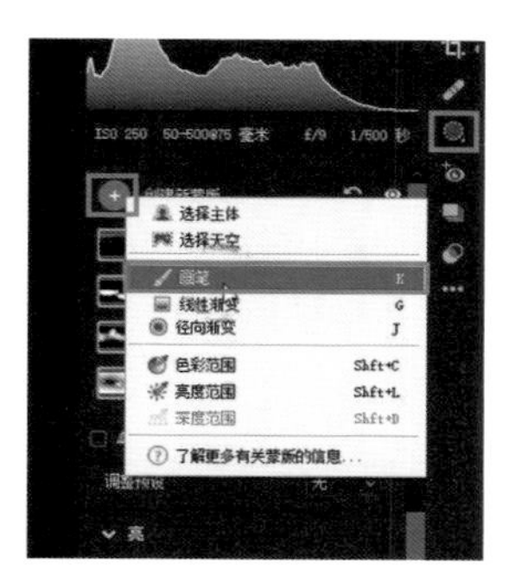

图 11-20

图 11-21

第 12 章　简洁空灵的高调效果

本章讲解的内容是简洁空灵的高调效果，调整前后的效果如图 12-1 和图 12-2 所示。大家可以看到调整前画面中有着杂乱的背景，使得画面缺失艺术氛围感，而通过一系列简单的操作，让画面的艺术感得到了提升，更使画面氛围更空灵，整体更干净整洁，并且视觉感更集中，主题更突显。

图 12-1

图 12-2

初步调整影调

将照片导入到 Camera Raw 滤镜中，如图 12-3 所示。从这张照片可以看出民俗活动非常壮观，但是因为环境的原因，画面整体比较杂乱，不利于表现出想要表达的线条感。

图 12-3

首先第一步还是通过裁切对照片进行二次构图，如图 12-4 所示。

图 12-4

接下来对照片的整体影调进行初步调整。单击“自动”按钮，增加“曝光”值，增加“对比度”值，降低“高光”值，增加“阴影”值，降低“白色”值，可以看到初步的影调调整已完成，如图 12-5 所示。

图 12-5

将画面中浓郁色彩的饱和度降低一些。找到“混色器”面板，选择“目标调整工具”，在画面中单击鼠标右键后选择“饱和度”，将鼠标指针放置在颜色浓郁的地方，按住鼠标左键并向左滑动。同样方法可以提高明亮度，如图 12-6 和图 12-7 所示。

图 12-6

图 12-7

制作高调空灵效果

单击“打开”按钮，进入 Photoshop 中，如图 12-8 所示。

创建纯色调整图层，颜色设置为白色，单击“确定”按钮，如图 12-9 和图 12-10 所示。

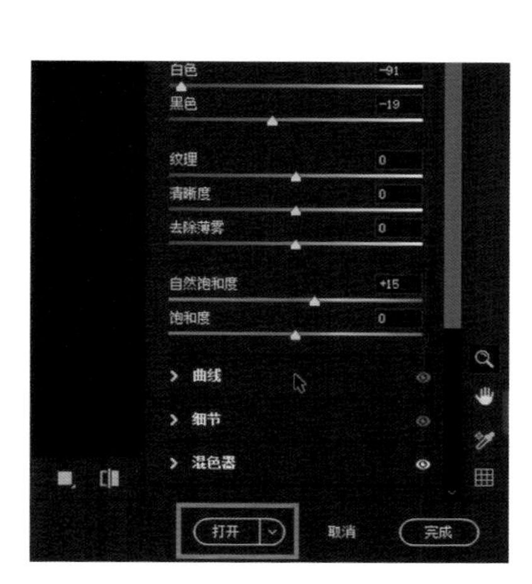

图 12-8

图 12-9

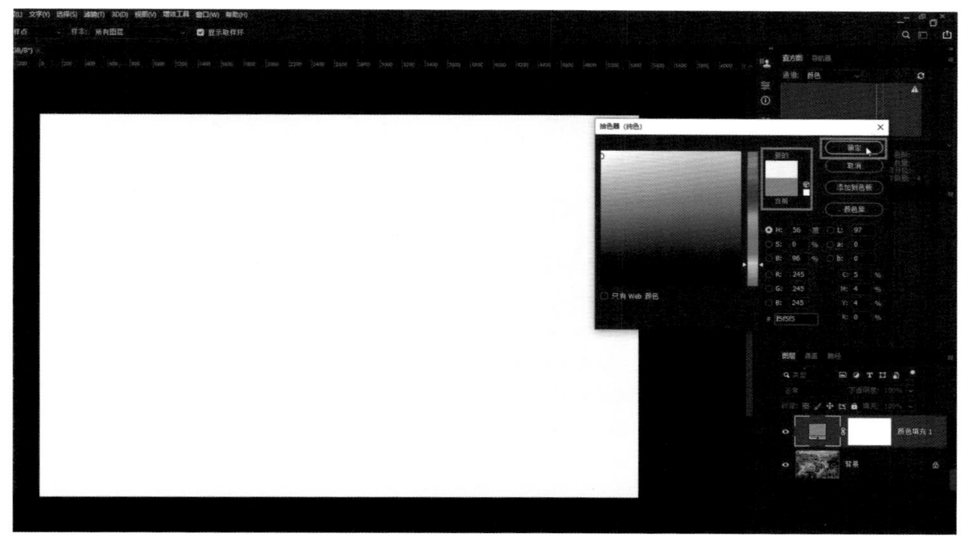

图 12-10

可以看到画面被附着上了一层白色，这时先隐藏纯色调整图层来确定主体部分的大致位置，如图 12-11 和图 12-12 所示。

图 12-11

图 12-12

选择“渐变工具”，将前景色设置为黑色，选择“前景色到透明渐变”，选择“径向渐变”，根据主体的大致位置来将主体部分涂抹出来，如图 12-13 所示。

图 12-13

将渐变的“不透明度”值降低一些，然后在周边环境处拖动鼠标指针，让画面中呈现出过渡的效果，使周边环境在画面中若隐若现，如图 12-14 所示。

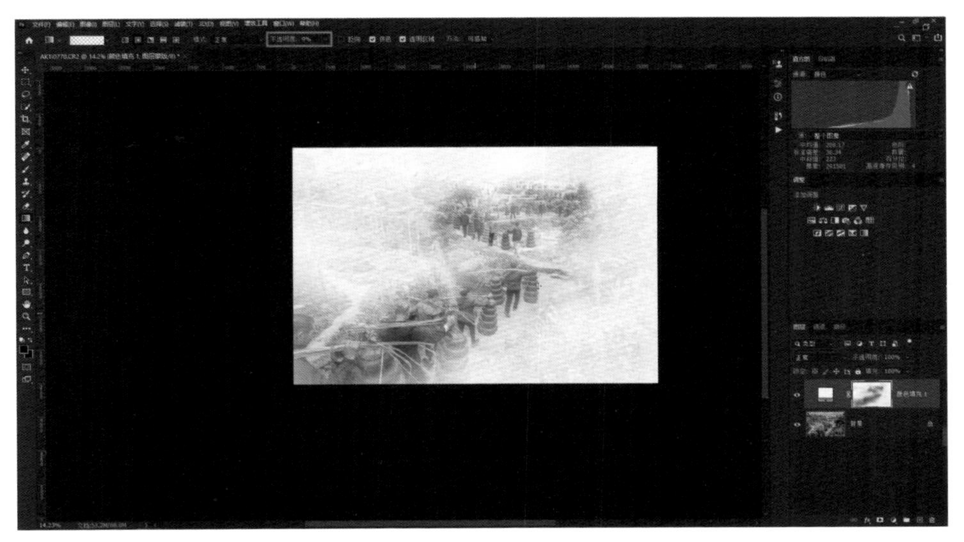

图 12-14

将前景色改为白色，把太浓的地方调整回来一些，如图 12-15 所示。可以进行反复调整，多了就减，少了就加，这样才能使画面中的细节有较好的呈现。

图 12-15

最终影调调整

用鼠标右键单击图层后选择“拼合图像”，如图 12-16 所示。将照片导入到 Camera Raw 滤镜中进行最终调整，如图 12-17 所示。

图 12-16

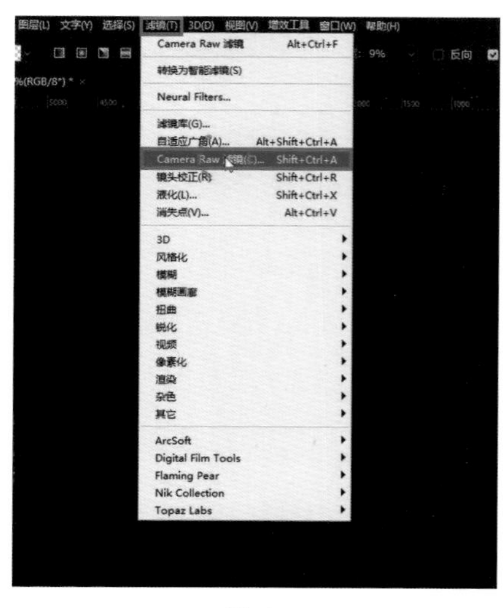

图 12-17

单击“自动”按钮，增加“曝光”值，增加“对比度”值，增加“阴影”值，降低“高光”值，降低“白色”值，增加“清晰度”值，降低“去除薄雾”值，让蒙雾效果覆盖得多一点，如图 12-18 所示。

图 12-18

如果觉得有些地方过渡得不太自然，可以使用蒙版画笔，降低“去除薄雾”值，降低画笔“清晰度”值，稍微涂抹这些过渡效果不好的部分，如图 12-19 和图 12-20 所示。

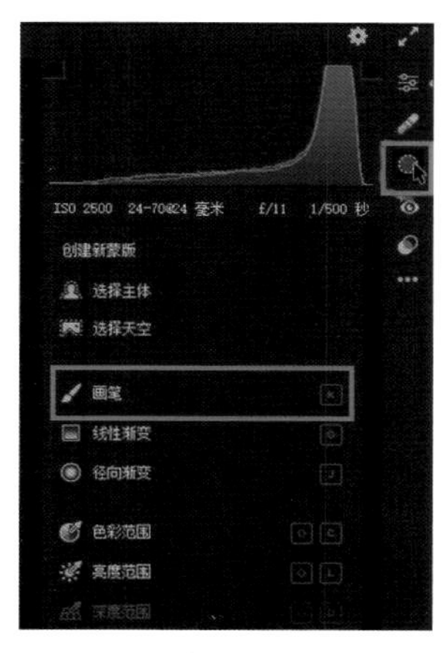

图 12-19

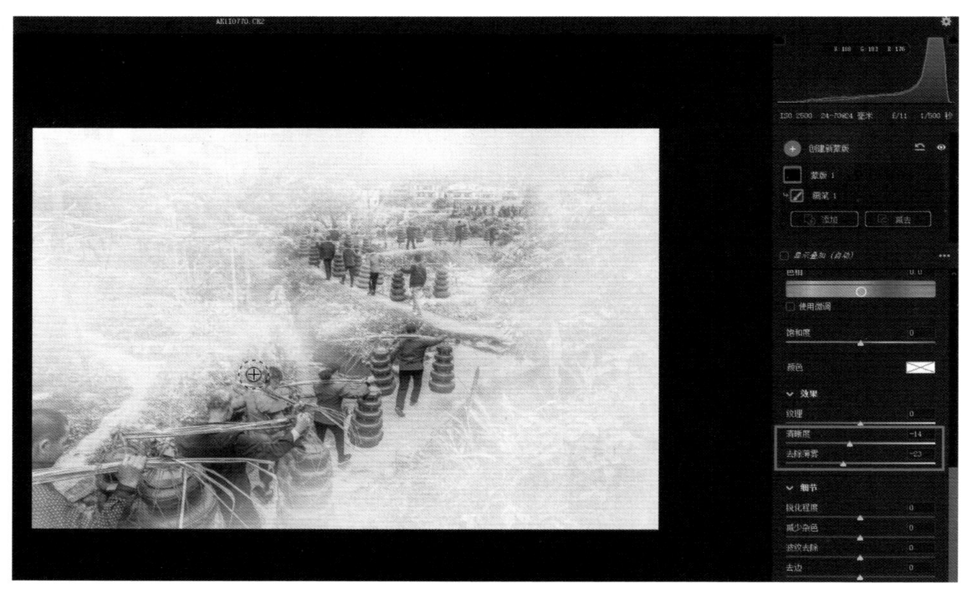

图 12-20

增加“清晰度”值，如图 12-21 所示，这样就完成了这张照片的调整。

图 12-21

第 13 章　淡雅朦胧效果

本章讲解的内容是如何营造淡雅朦胧的效果，来看一下调整前后的效果对比，如图 13-1 和图 13-2 所示。可以看到朦胧淡雅的效果使主体在视觉上更加突显，使整体画面意境感更强烈。

图 13-1

图 13-2

初步调整影调

将照片导入 Camera Raw 滤镜中进行调整，如图 13-3 所示。可以看到这张照片拍摄的是莆田的民俗活动跳火堆，画面中人物的动态、表情都非常不错，且画面的延伸感、纵深感也非常强烈，而火堆产生的烟雾让画面中有了朦胧的感觉。如果将画面调得很通透，效果可能并不会太理想，反而将其制作成朦胧的效果会更加合适。

首先对照片进行裁切，如图 13-4 所示。二次构图使得视觉感更集中，画面更紧凑。此处裁切是按照原始比例进行的，并且由于地面上太空了所以我们只保留了地面上的火堆。

图 13-3

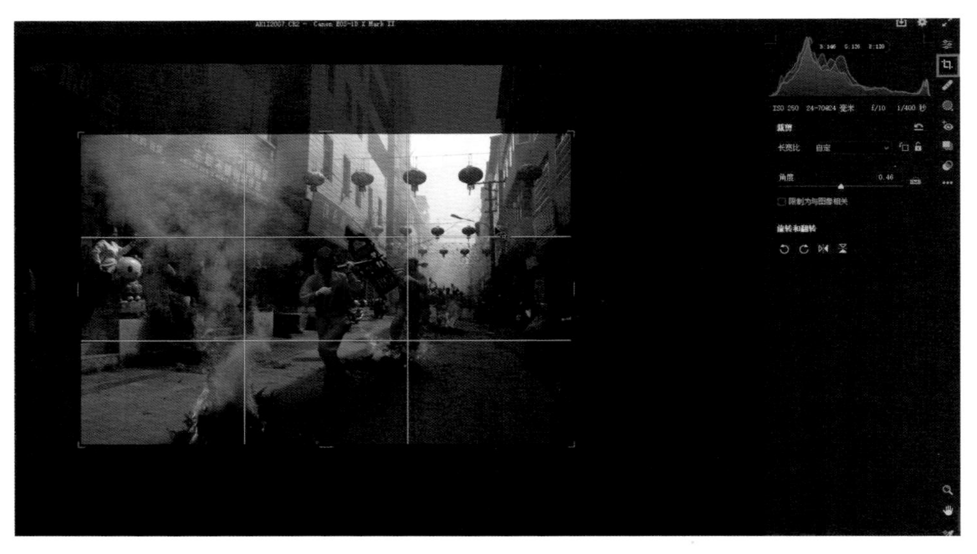

图 13-4

接下来对照片的整体影调进行初步调整。单击“自动”按钮，增加“曝光”值，降低“高光”值，增加“阴影”值，降低“白色”值，增加“对比度”值，如图 13-5 所示。

图 13-5

接下来对人物脸部进行局部调整。选择蒙版画笔，增加“曝光”值，增加“对比度”值，增加“白色”值，让人物主体更突显，如图 13-6 和图 13-7 所示。

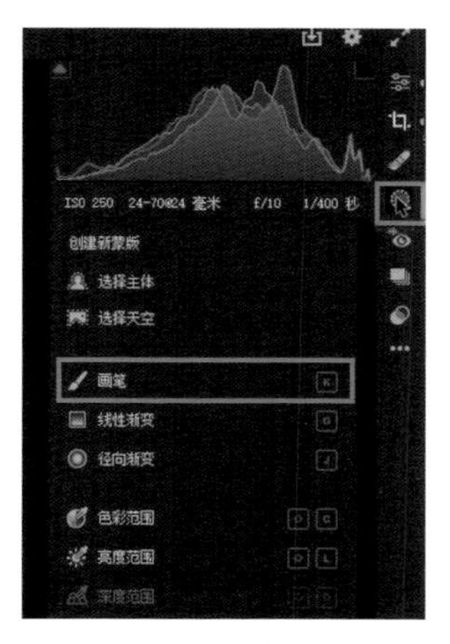

图 13-6

图 13-7

打造朦胧效果

接下来对画面中的环境进行调整。新建“径向渐变”，单击“反相”，如图13-8和图13-9所示。

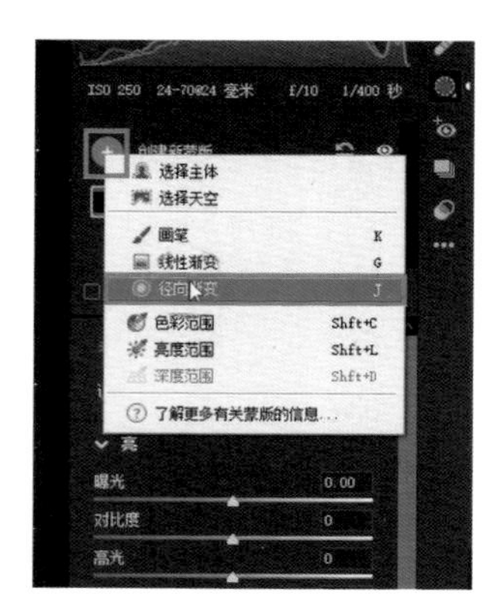

图 13-8

图 13-9

降低“去除薄雾”值，降低“清晰度”值，让画面更加柔和，如图 13-10 所示。

图 13-10

由于觉得太过朦胧，想让陪体更明显一点，因此回到蒙版，选择减去画笔，在陪体处稍稍涂抹，如图 13-11 和图 13-12 所示。

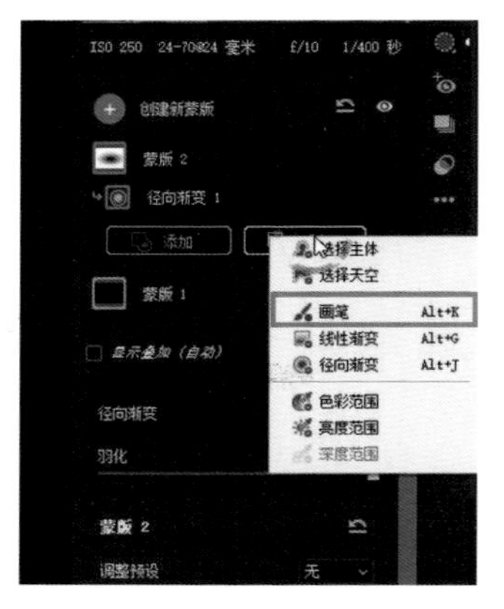

图 13-11

图 13-12

再创建一个新的画笔，降低“去除薄雾”值，降低“清晰度”值，涂抹人物后面的背景使其更朦胧一些，如图 13-13 和图 13-14 所示。

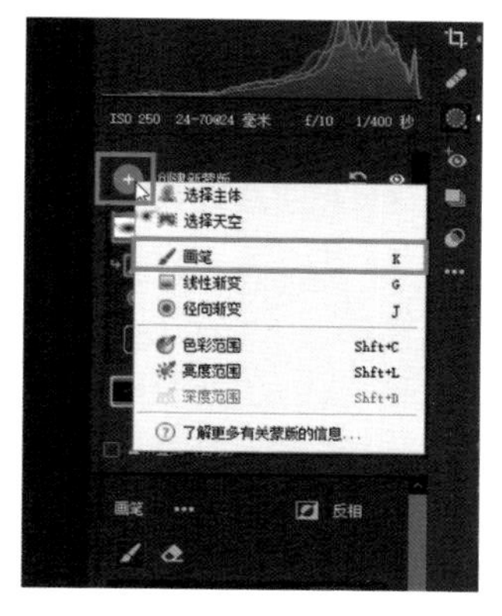

图 13-13

图 13-14

火堆可以清晰一点，选择减去画笔进行涂抹调整，如图 13-15 和图 13-16 所示。

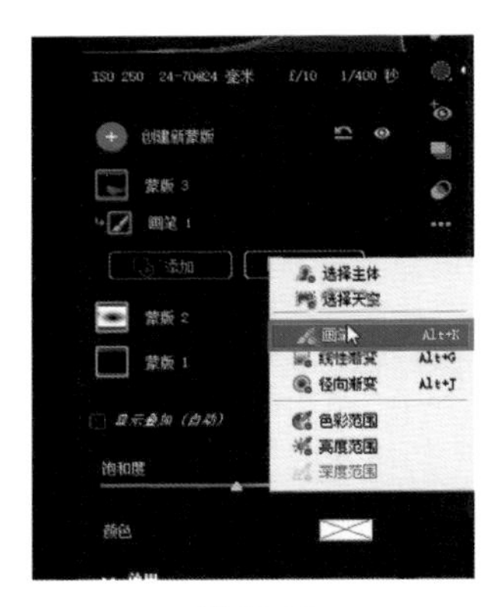

图 13-15

图 13-16

最终调整色调

回到“基本”面板，将整体的“色温”滑块往黄的方向调整，“对比度”值增加一点，整体的“饱和度”值降低一些，朦胧淡雅的效果就更加强烈了。还可以适当增加一点“清晰度”值，这样就完成了这张照片的调整，如图 13-17 所示。

AK1I2007.CR2 - Canon EOS-1D X Mark II
ISO 250　24-70@24 毫米　f/10　1/400 秒
编辑
自动
黑白
配置文件
Adobe 颜色
基本
白平衡
自定
色温
5600
色调
+11
曝光
+1.25
对比度
+70
高光
-100
阴影
+86
白色
-75
黑色
-21
纹理
0
清晰度
+16
去除薄雾
0
自然饱和度
+15
饱和度
-24
曲线
细节

图 13-17

第 14 章　制作画意视觉

本章讲解的内容是如何制作出画意效果，我们来看一下前后的效果对比，如图 14-1 和图 14-2 所示。可以看到调整后的画面更加缥缈，更有意境，艺术氛围感得到了提升。

图 14-1

图 14-2

初步调整影调

将这张照片导入 Camera Raw 滤镜中，如图 14-3 所示。这张照片拍摄的是龙岩的游大龙活动现场，场面非常壮观。这张照片原片所呈现出来的效果比较暗沉，所以想要为其打造出画意的效果。

图 14-3

首先还是对照片进行裁切，让画面看起来更紧凑。可将画面中杂乱的环境以及影响视觉中心点的部分都裁切掉，如图 14-4 所示。

图 14-4

接下来对照片的影调进行初步调整。单击“自动”按钮，降低“高光”值，将高光细节还原回来，增加“阴影”值，让暗部细节还原回来，降低“白色”值，增加“对比度”值，使色温偏蓝一些，呈现出冷暖对比的效果，如图 14-5 所示。

图 14-5

然后对环境进行压暗。在蒙版里创建“径向渐变”，单击“反相”，降低“曝光”值，降低“高光”值，如图 14-6 和图 14-7 所示。

图 14-6

图 14-7

在调整冷暖对比色调时，还可以再增加一点蓝色，如图 14-8 所示。

图 14-8

接下来在“混色器”面板里将抢眼的颜色稍微降低饱和度。回到“基本”面板，降低“白色”值，降低“高光”值，如图 14-9 和图 14-10 所示，这样基本的影调调整就完成了。

图 14-9

图 14-10

打造画意效果

新建一个径向渐变，将主体部分选择出来后单击“反相”，降低“清晰度”值，降低“去除薄雾”值，可以看到画面朦胧感就出来了，如图 14-11 到图 14-13 所示。

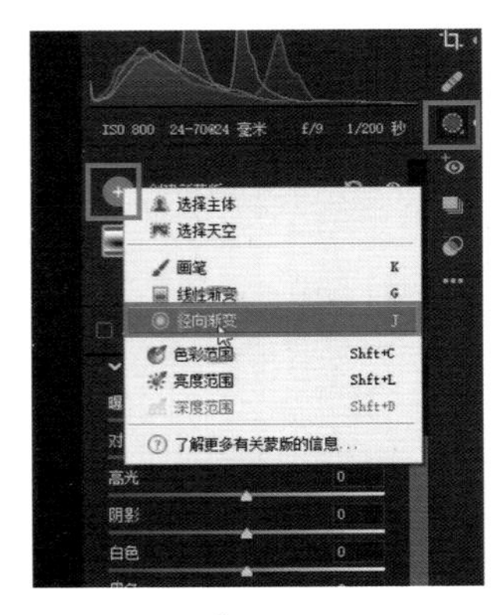

图 14-11

图 14-12

图 14-13

朦胧效果不够的地方可以再用添加画笔进行调整补充，如图 14-14 和图 14-15 所示。

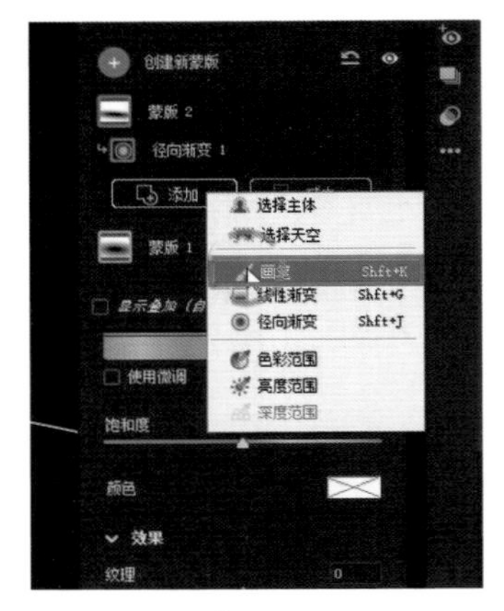

图 14-14

图 14-15

再将这些比较抢眼部分的“饱和度”值降低一些，将整体饱和度再提高一些，增强一点“对比度”值，如图 14-16 和图 14-17 所示。

选择蒙版，添加画笔，可以使画面中一些部分再朦胧一些，从而将整个画面的朦胧感、意境感打造得更为强烈，如图 14-18 到图 14-20 所示。

编辑
自动
黑白
配置文件
颜色
基本
曲线
细节
混色器
调整
HSL
饱和度
红色
橙色
黄色
绿色
浅绿色
蓝色
紫色
洋红
颜色分级
光学
几何
效果

图 14-16

编辑
自动
黑白
配置文件
颜色
基本
白平衡
自定
色温
色调
曝光
对比度
高光
阴影
白色
黑色
纹理
清晰度
去除薄雾
自然饱和度
饱和度
曲线
细节

图 14-17

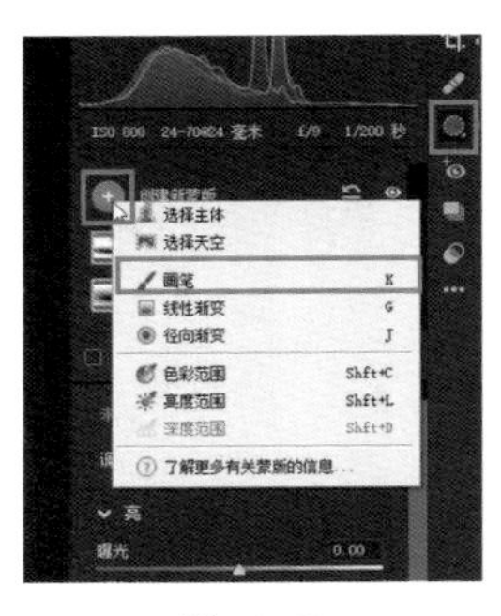

图 14-18

图 14-19

图 14-20

突显主体

接下来创建一个新的调整画笔，增加“曝光”值，增加“对比度”值，增加“白色”值，将主体部分稍微涂抹得亮一点，让它能突显出来，如图 14-21 和图 14-22 所示。

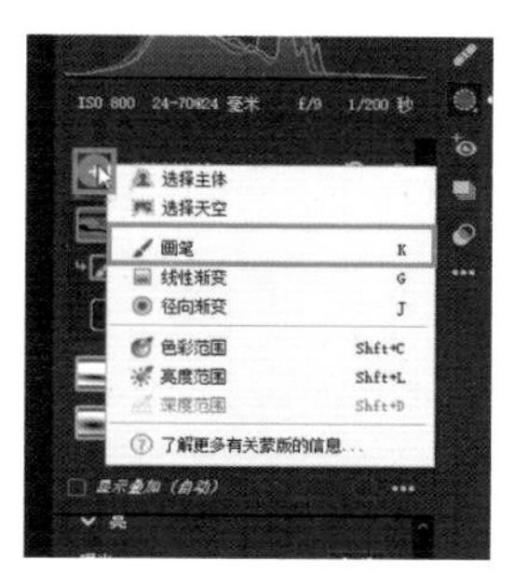

图 14-21

图 14-22

还可以使画面中比较黑的部分再朦胧一点，如图 14-23 到图 14-25 所示。

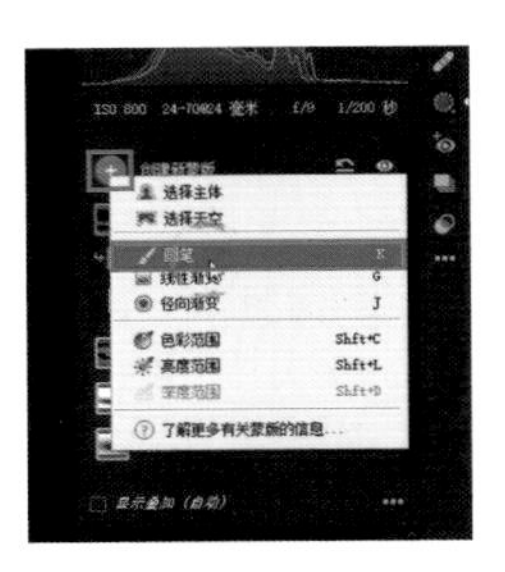

图 14-23

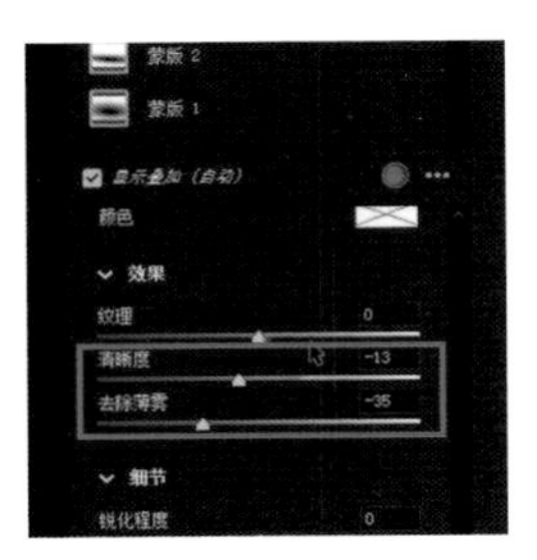

图 14-24

图 14-25

接下来将天空拉亮一些，让其更具画意。新建“线性渐变”，按住鼠标左键并从上往下拉，增加“曝光”值，如图 14-26 和图 14-27 所示。

图 14-26

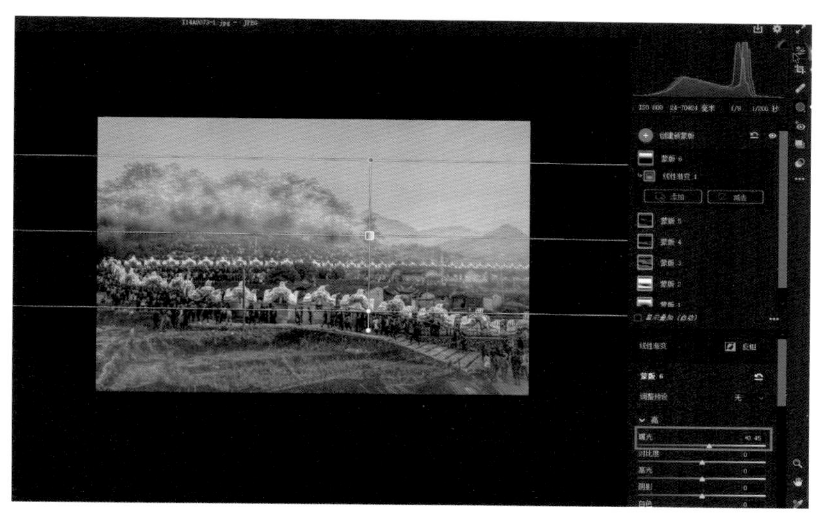

图 14-27

最终影调调整

回到“基本”面板，降低“清晰度”值，增加“纹理”值，降低“去除薄雾”值，让整体氛围感更强烈，并增加一些青绿色调，如图 14-28 所示。

图 14-28

还可以用画笔涂抹一下画面中的黑色部位，如图 14-29 所示。只有不断分析问题所在，去解决它，得到的画面效果才能实现心目中最理想的状态。

图 14-29

第 15 章　打造仿古视觉效果

本章讲解的内容是如何打造仿古的视觉效果，我们来看一下调整前后的效果对比，如图 15-1 和图 15-2 所示。调整后画面中仿古的效果非常棒，而且整体空间感也被强调得更加浓烈。

图 15-1

图 15-2

初步调整影调

打开这张照片，如图 15-3 所示，可以看到这也是一张记录了海边游神活动的照片。

图 15-3

首先第一步还是对照片进行裁切，让画面紧凑一些，如图 15-4 所示。

图 15-4

接下来对画面的整体影调进行初步调整。单击“自动”按钮，降低“高光”值，增加“阴影”值，增加“白色”值，增加“曝光”值，将整体细节还原回来，如图 15-5 所示。

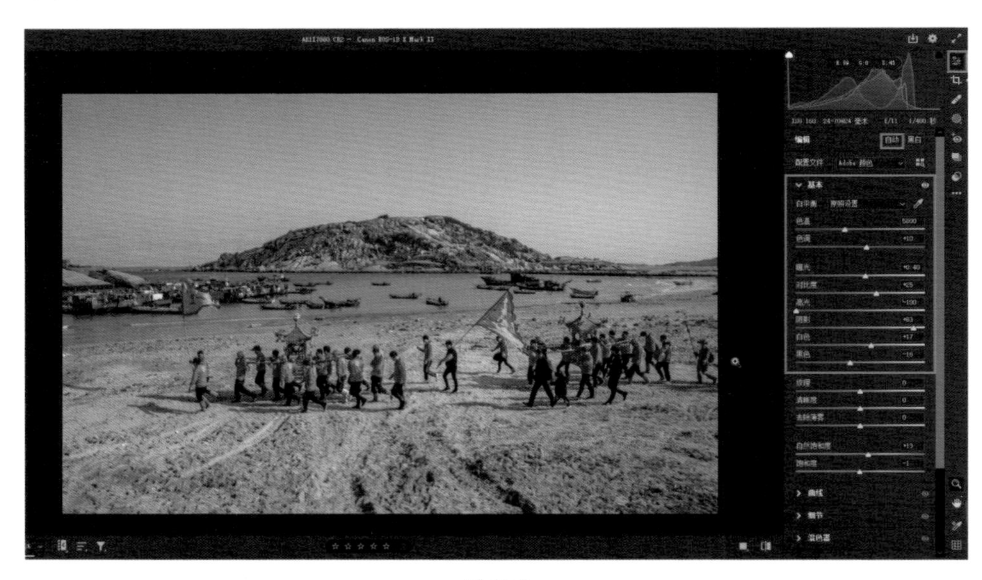

图 15-5

接下来将抢眼的颜色的饱和度降低。选择目标调整工具，单击鼠标右键后选择“饱和度”，将天空的饱和度降低，水面的饱和度也降低一些，如图 15-6 和图 15-7 所示。

图 15-6

图 15-7

打造仿古效果

单击“打开”按钮，进入到 Photoshop 中，如图 15-8 所示。

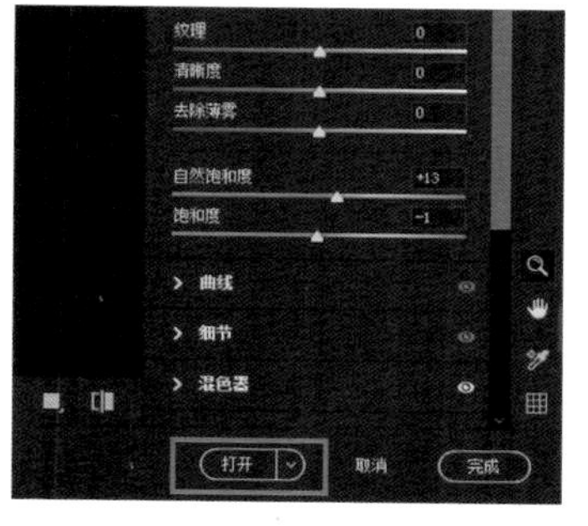

图 15-8

打开仿古素材图，选择“移动工具”，如图 15-9 所示，将鼠标指针放置在素材图上，按住鼠标左键并往下拖动，可以看到素材图被放置在了照片右边，如图 15-10 所示。

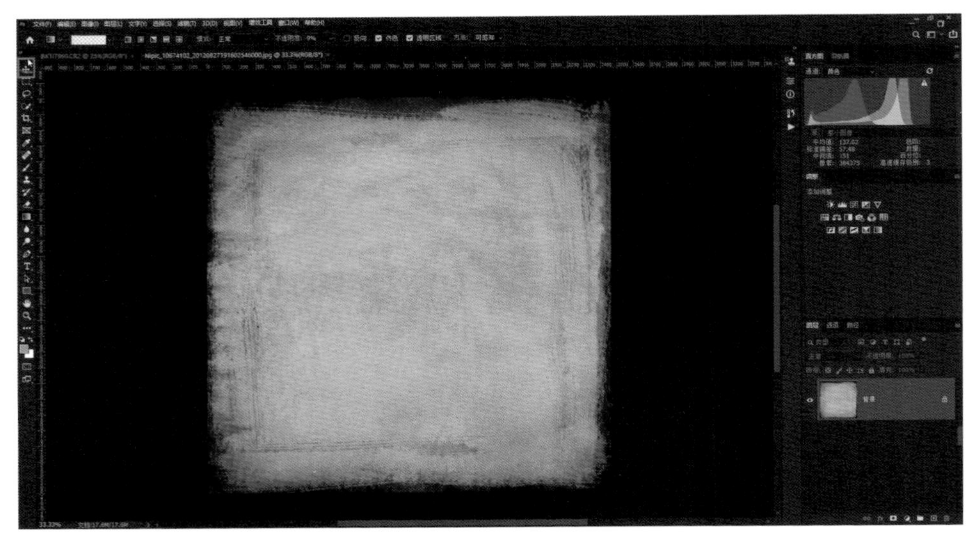

图 15-9

图 15-10

选择“移动工具”，将鼠标指针放置在素材图上，按住鼠标左键并向左拖动，当移动到照片中时，鼠标指针上会出现一个“+”图标，如图 15-11 所示。

图 15-11

这时松开鼠标左键，素材图就被拖动过来了，如图 15-12 所示。

图 15-12

单击“编辑”菜单，选择“自由变换”，按住 Shift 键将素材图调整至照片大小，单击“确定”按钮，如图 15-13 和图 15-14 所示。

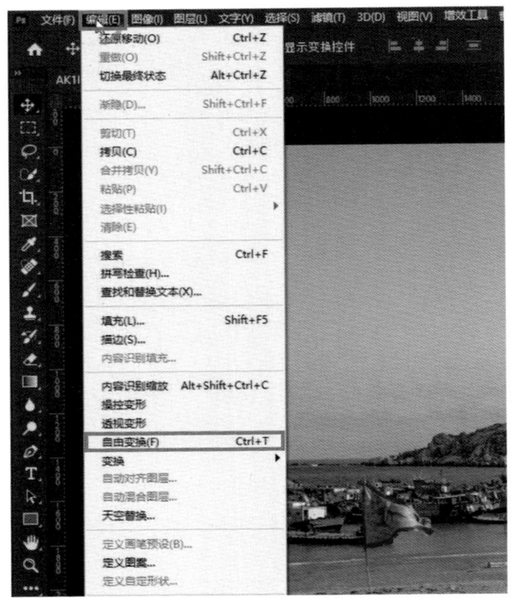

图 15-13

图 15-14

将图层的混合模式改为“正片叠底”，如图 15-15 所示，素材图和照片就融合了。

图 15-15

通过快捷键 Ctrl+J 复制背景图层，将其混合模式改为“正常”，将“不透明度”值降低一些，做这一步的目的是想让远山更加朦胧，让照片更具空间感，形成远近对比的感觉，如图 15-16 所示。

图 15-16

添加蒙版，可以看到通过添加了素材图层，整个画面就没有那么突显了，如图 15-17 所示。

图 15-17

选择“渐变工具”，将前景色设置为黑色，选择“前景色到透明渐变”，选择“径向渐变”，将主体擦出来一些，一层一层地涂抹，这样就形成了远近对比的效果，如图 15-18 所示。

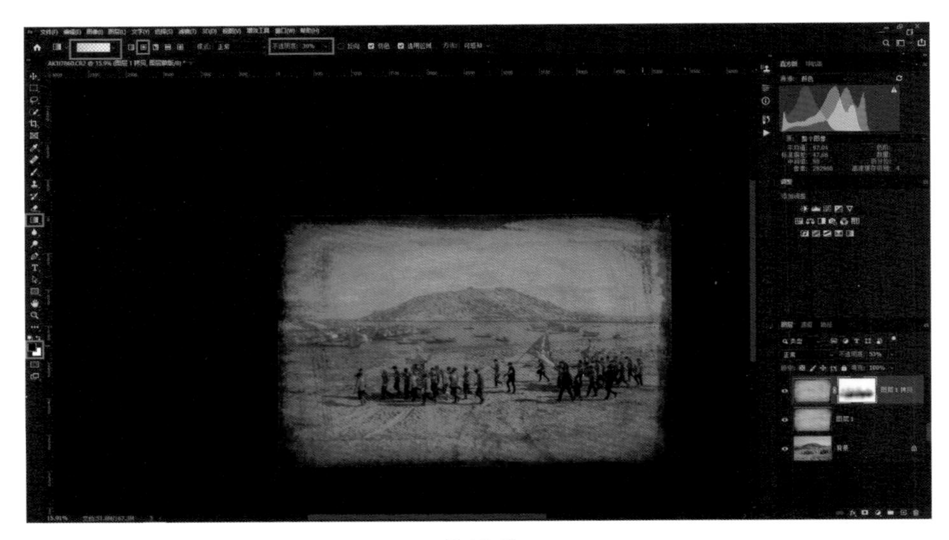

图 15-18

最终影调调整

单击鼠标右键后选择“拼合图像”，然后将图像导入到 Camera Raw 滤镜中进行调整，如图 15-19 和图 15-20 所示。

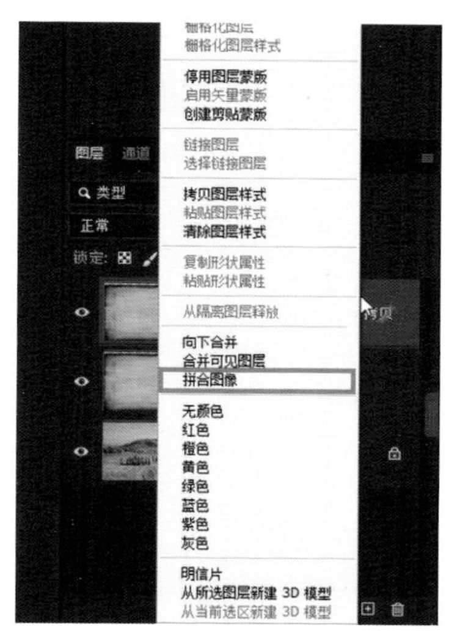

图 15-19

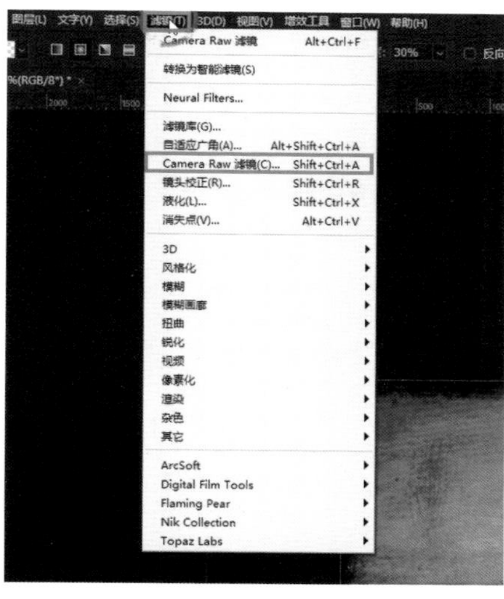

图 15-20

单击“自动”按钮，增加“曝光”值，增加“对比度”值，降低“高光”值，增加“阴影”值，如图 15-21 所示。

图 15-21

选择蒙版径向渐变，单击“反相”，将环境压暗，如图 15-22 和图 15-23 所示。

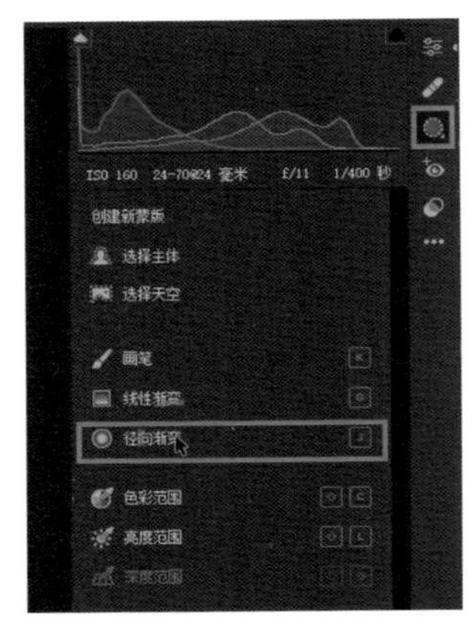

图 15-22

图 15-23

回到“基本”面板，增加“清晰度”值，增加“纹理”值，降低整体的“饱和度”值，如图 15-24 所示。

图 15-24

接下来将主体部分稍稍提亮一些。创建蒙版画笔，增加“曝光”值，增加“对比度”值，涂抹主体部分，如图 15-25 和图 15-26 所示，这样就完成了这张照片的调整。

图 15-25

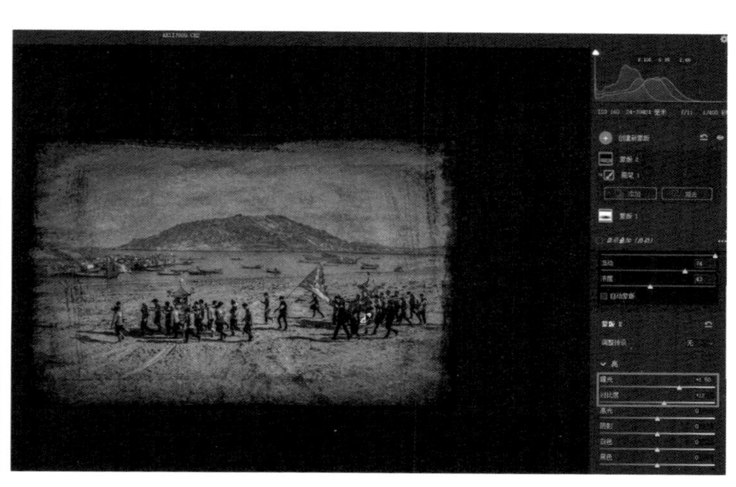

图 15-26

第 16 章　高感光度照片的处理技巧

本章讲解的内容是高感光度照片的处理技巧。由于很多时候外出拍摄都是在光线不充足的情况下进行的，所拍摄的照片就会有高噪点的问题。高噪点是我们照片后期的一大难题，本章重点就是来看看应如何进行调整。我们来看一下调整前后的对比，如图 16-1 和图 16-2 所示。可以看到调整后的画面中噪点减少了很多，而且人物面部也清晰了很多。通过分层降噪法，解决了照片的高噪点问题，让画面的视觉感得到了提升。

图 16-1

图 16-2

打开照片，如图 16-3 所示，这是一张拍摄于福建惠安的照片。大家可以看到，这张照片是晚上拍摄的。这些惠安女要晚上起来打扮，这是因为梳种头饰非常复杂，所以她们要提前打扮，才能第二天早早去进香。因此所拍摄出来的照片光线非常弱，感光度为 6400。

图 16-3

初步调整影调

首先对照片进行裁切，如图 16-4 所示。

图 16-4

接下来对照片的整体影调进行初步调整。单击“自动”按钮，降低“高光”值，增加“阴影”值，降低“白色”值，增加“对比度”值，如图 16-5 所示。现在先不去管噪点的问题，而是先完成画面整体影调和色调的调整。

图 16-5

将环境的明亮度压暗一些。如果遇到这种人物比较突显的时候，可以直接用主体识别功能，再单击“反相”来选取环境部分，降低“曝光”值，降低“高光”值，降低“对比度”值，如图 16-6 和图 16-7 所示。

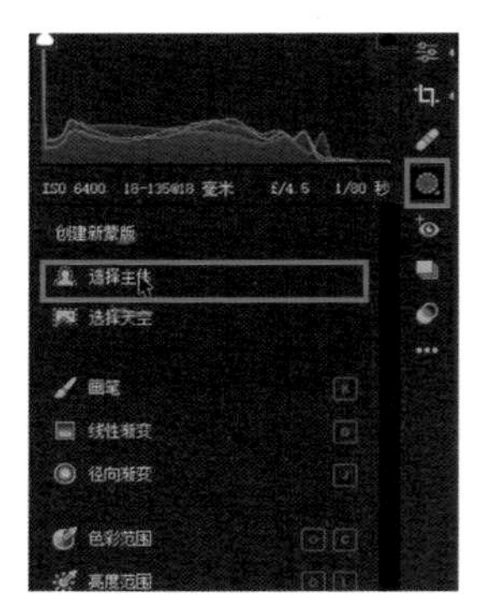

图 16-6

图 16-7

创建新的画笔，增加“曝光”值，增加“对比度”值，涂抹人物脸部，如图 16-8 和图 16-9 所示。

图 16-8

图 16-9

接下来对画面的颜色进行处理。找到“混色器”面板，选择“目标调整工具”，在画面中单击鼠标右键后选择“饱和度”，将鼠标指针放置在需要降低饱和度的地方，按住鼠标左键向左滑动即可使饱和度降低，如图 16-10 和图 16-11 所示。

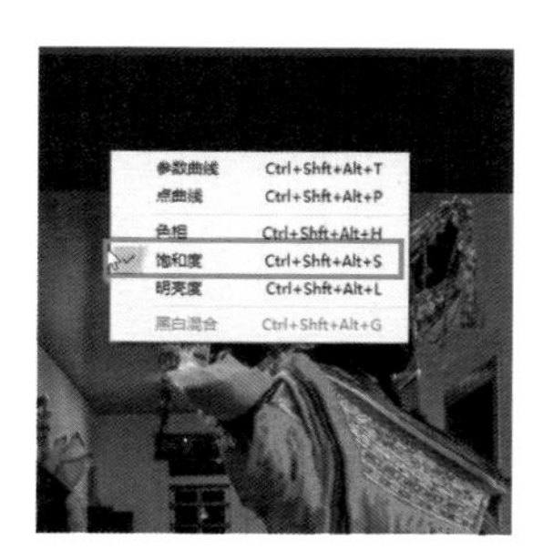

图 16-10

图 16-11

回到“基本”面板，将“色温”滑块往蓝的方向调整一些，如图 16-12 所示。

图 16-12

分层处理噪点

在蒙版里创建“主体识别”。平时大家进行降噪操作时都是使一整张照片一起进行降噪，而这里可以将背景图层的噪点降到最低。因为视觉中心点是人物，因此选择“选择主体”，单击“反相”，如图 16-13 和图 16-14 所示。

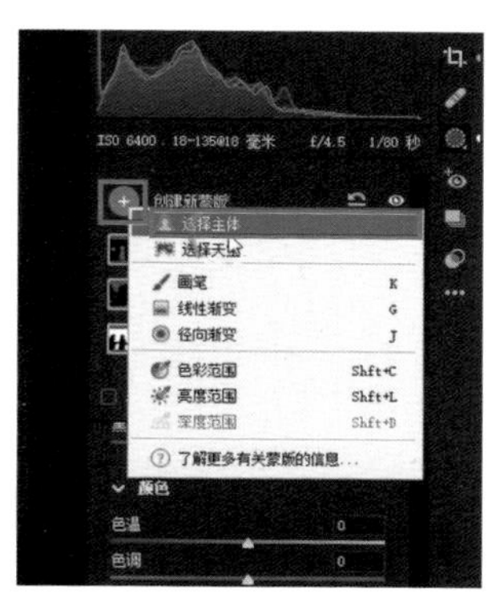

图 16-13

图 16-14

在“细节”面板里提高“减少杂色”值，可以看到画面整体的颗粒感减少了，如图 16-15 所示。

图 16-15

接下来对主体人物进行降噪，我们采用分区域降噪。创建画笔，增加“减少杂色”值，但要比环境部分的弱一点，这一步降的是人物衣服上的噪点。通过不同的“减少杂色”参数值去降噪，如图 16-16 和图 16-17 所示。

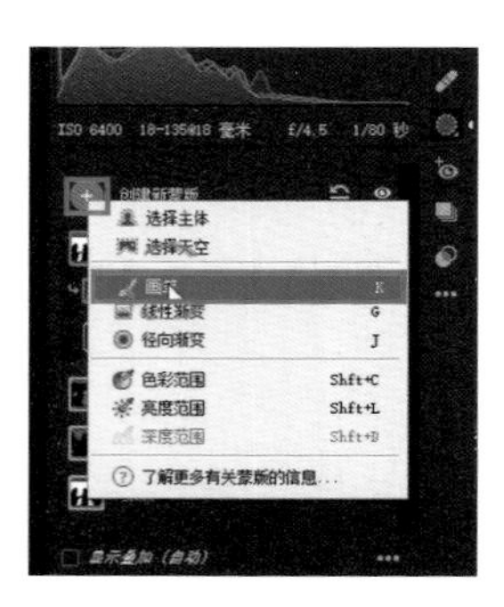

图 16-16

接下来再创建画笔，将“减少杂色”参数设置得比对人物衣服降噪的“减少杂色”值小一些，这一步就是在对人物脸部进行降噪。分区域进行降噪是过渡进行的，因而人物就不会显得那么模糊。由于背景更为模糊，使得人物虽然进行了降噪处理但仍是画面中最清晰的部分，如图 16-18 所示。

图 16-17

图 16-18

创建画笔，对人物的脸部进行提亮，如图 16-19 所示。可以看到分步降噪法完成了，画面整体感觉比前面好多了。

图 16-19

最终影调调整

回到“基本”面板，降低整体的“饱和度”值，增加“清晰度”值，让人物色彩更加浓烈，如图 16-20 所示。

图 16-20

在“细节”面板中对画面整体再次进行降噪。可以看到通过前面的局部降噪和最终的整体降噪，为画面打造了足够的细腻感，如图 16-21 所示。这张照片的调整就结束了。

图 16-21

第 17 章　逆向视觉惊艳效果

本章讲解的内容是如何实现逆向视觉的惊艳效果，我们来看一下调整前后的效果对比，如图 17-1 和图 17-2 所示。可以看到调整后画面气氛的烘托更加强烈，而且主体更加突显，光线的营造渲染了更浓郁的气氛，让艺术感得到了提升。

图 17-1

图 17-2

初步调整影调

将照片导入到 Camera Raw 滤镜中，如图 17-3 所示。这种拍摄民间游神的照片还是很常见的，因为全国各地各种各样的游神活动特别多。而烟雾型的照片也特别多，这是因为这种民俗活动很多时候都会放鞭炮，所产生的烟雾弥漫得到处都是，便将整个画面都覆盖上了烟雾。如果用正常的思路去调整这张照片，调成通透的画面的话还是非常有难度的，因为烟雾已经深入到暗部了，很不容易调整出好的效果。

所以可以通过对比的形式，让主体周围环境中弥漫的烟雾比主体处的更浓，这样主体部分就会显得比较清晰了。根据这种逆向的思维来打造画面效果，所制造出来的效果会更能突显出效果，反而不容易把照片调坏，而画面氛围感还会更强烈。

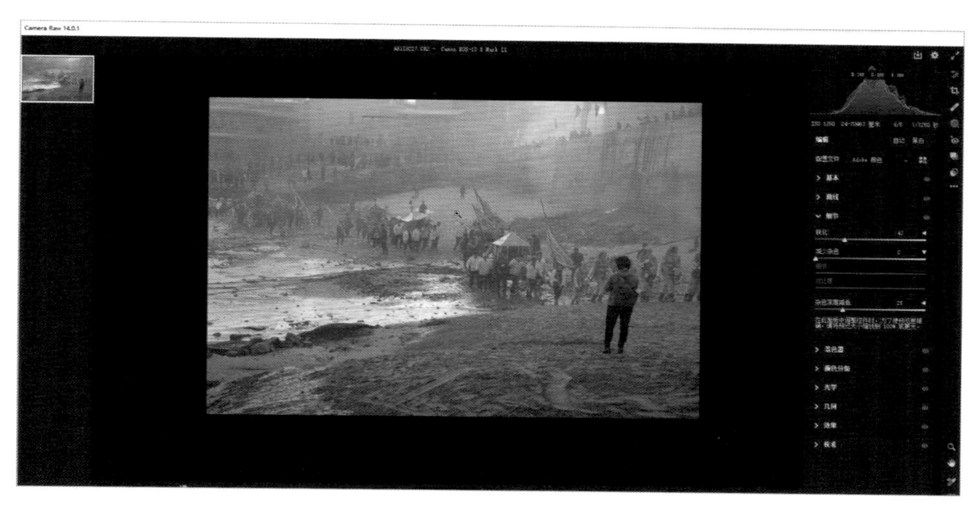

图 17-3

首先对照片进行裁切，如图 17-4 所示。

图 17-4

接下来对照片的影调进行调整。单击“自动”按钮，降低“高光”值，让高光部分的细节还原回来，增加“阴影”值，增加“对比度”值，降低“白色”值，增加“曝光”值，如图 17-5 所示。

图 17-5

制作烟雾效果

单击“打开”按钮，进入 Photoshop 中，如图 17-6 所示。

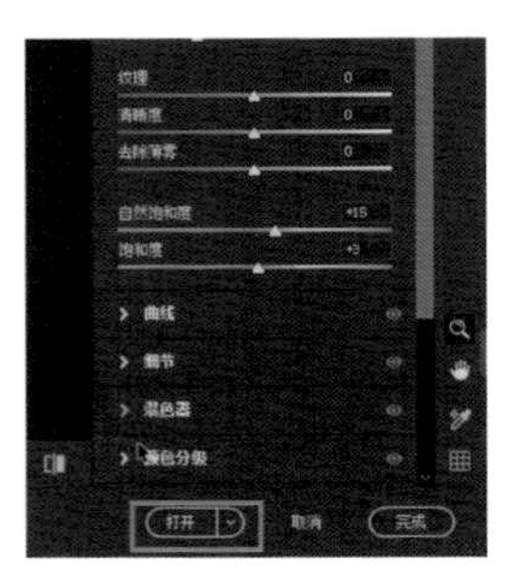

图 17-6

设置前景色，用拾色器选择画面中烟雾的颜色，单击“确定”按钮，如图 17-7 所示。

图 17-7

新建空白图层，选择“画笔工具”，将画笔的混合模式改为“溶解”，“不透明度”值设为 100%，在想要有烟雾的地方涂抹，如图 17-8 所示。

图 17-8

单击“滤镜”菜单，选择“模糊”—“高斯模糊”，可以看到画面中形成了或浓或淡的烟雾感效果，如图 17-9 和图 17-10 所示。

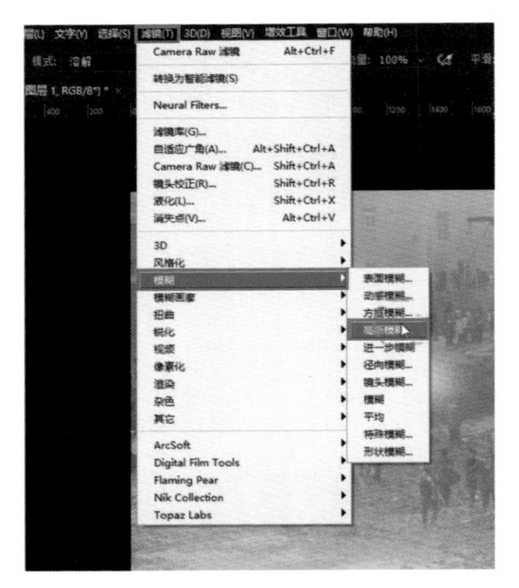

图 17-9

图 17-10

添加蒙版，选择“渐变工具”，将前景色设置为黑色，选择“前景色到透明渐变”，使视觉点能突显出来，如图 17-11 所示。单击鼠标右键并选择“拼合图像”，如图 17-12 所示。

图 17-11

图 17-12

创建曲线调整图层，将画面稍稍压暗一些，让主体部分还原回来，然后再拼合图像，如图 17-13 和图 17-14 所示。

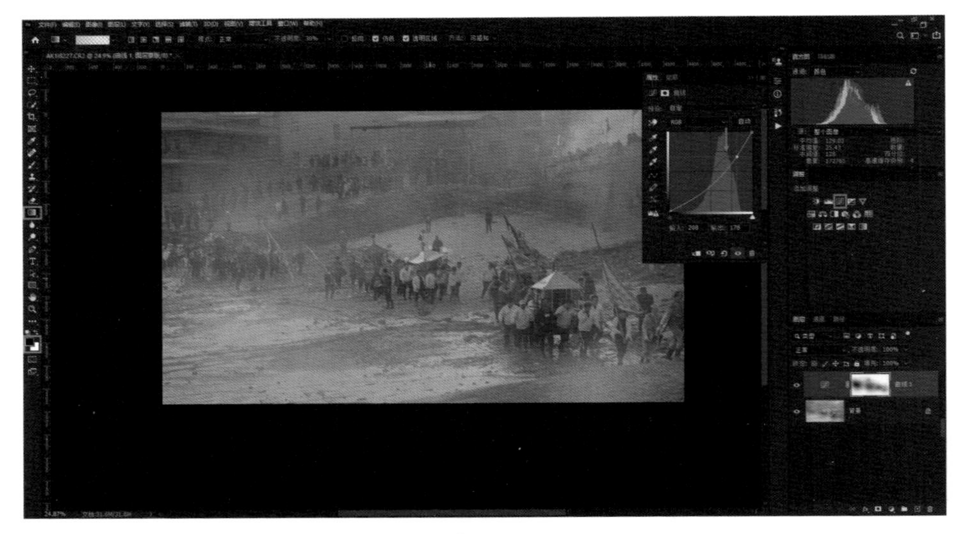

图 17-13

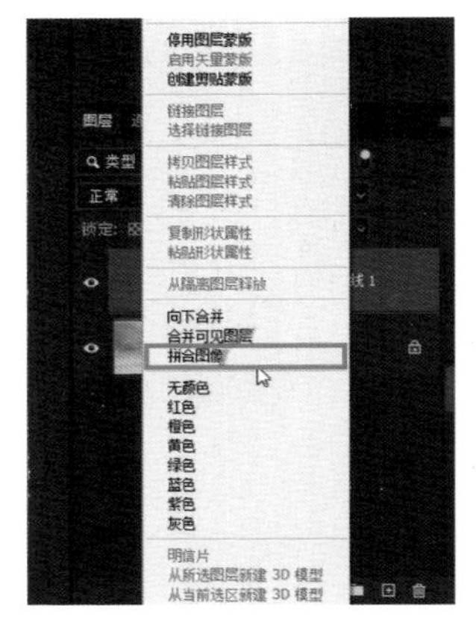

图 17-14

制造光影效果

选择“套索工具”，单击鼠标右键后选择“多边形套索工具”，如图 17-15 所示。

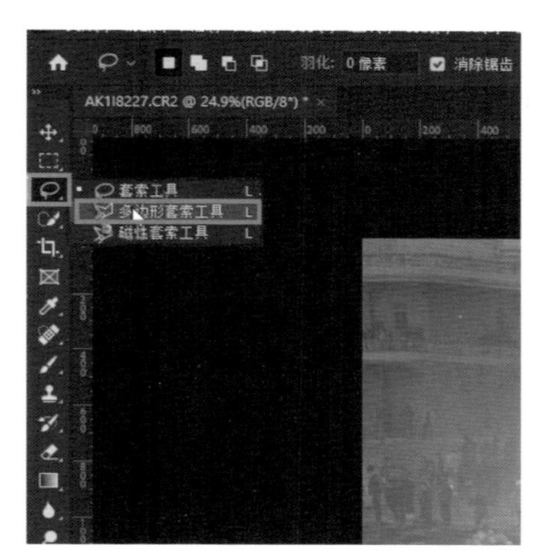

图 17-15

单击鼠标左键并从左往右上方拉动，选择光线的范围，完毕后按回车键，可以看到选区范围被闭合，如图 17-16 和图 17-17 所示。

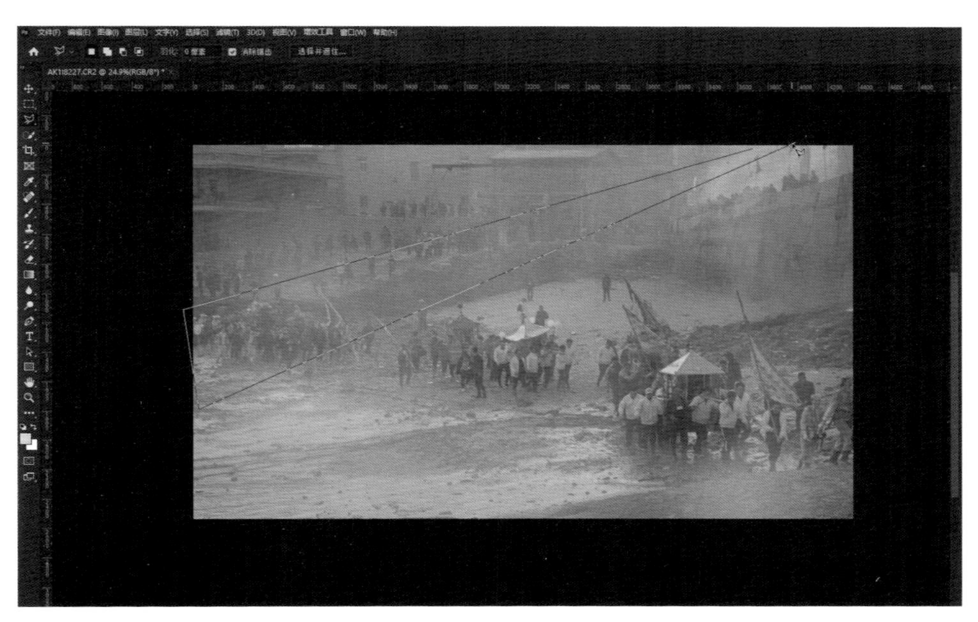

图 17-16

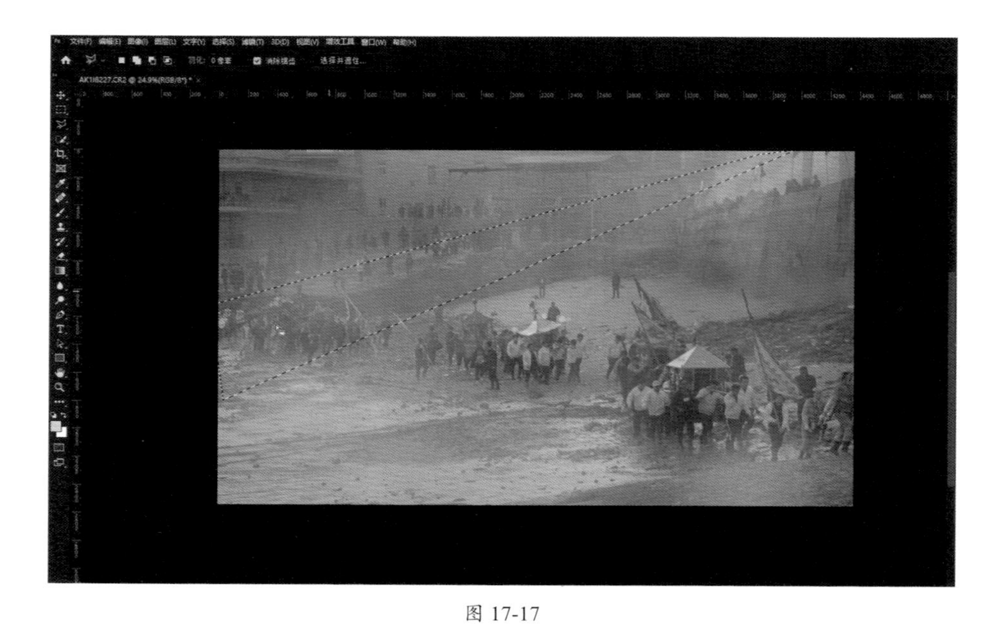

图 17-17

采用同样的方法增加多条光线，如图 17-18 所示。

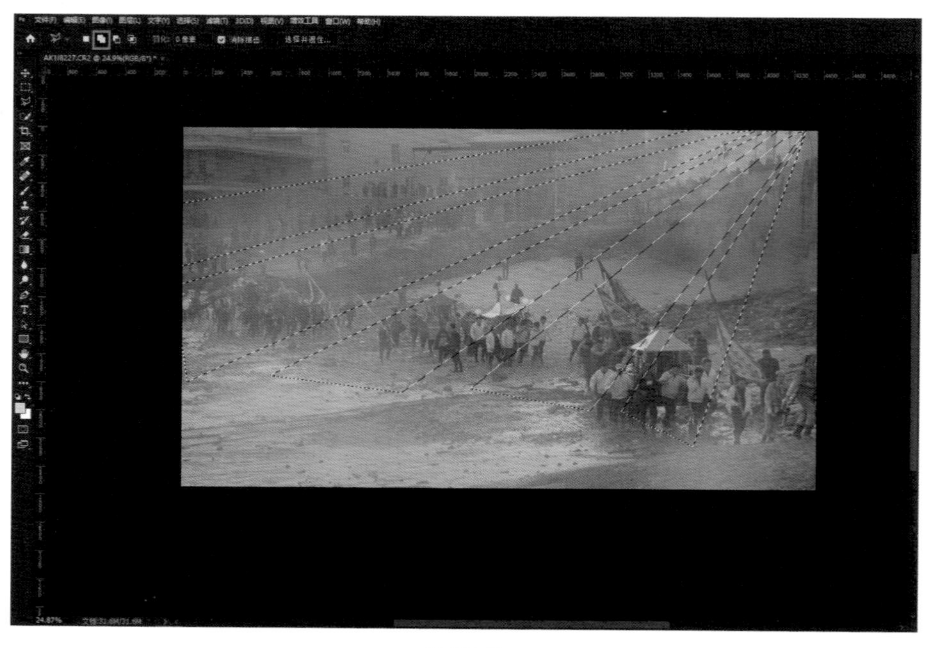

图 17-18

添加曲线调整图层，打造“S”形曲线。在蓝色通道向下调整曲线，红色通道则向上调整曲线，如图 17-19 到图 17-21 所示。

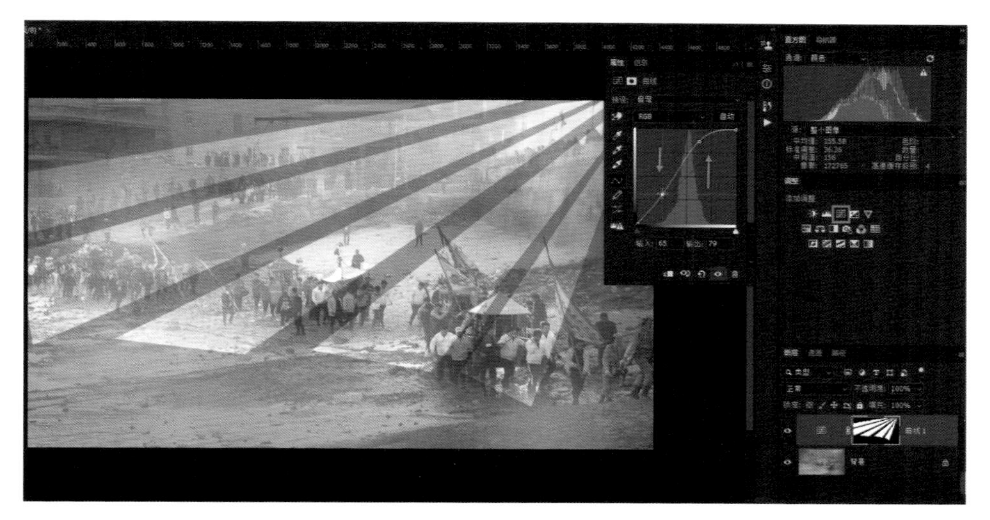

图 17-19

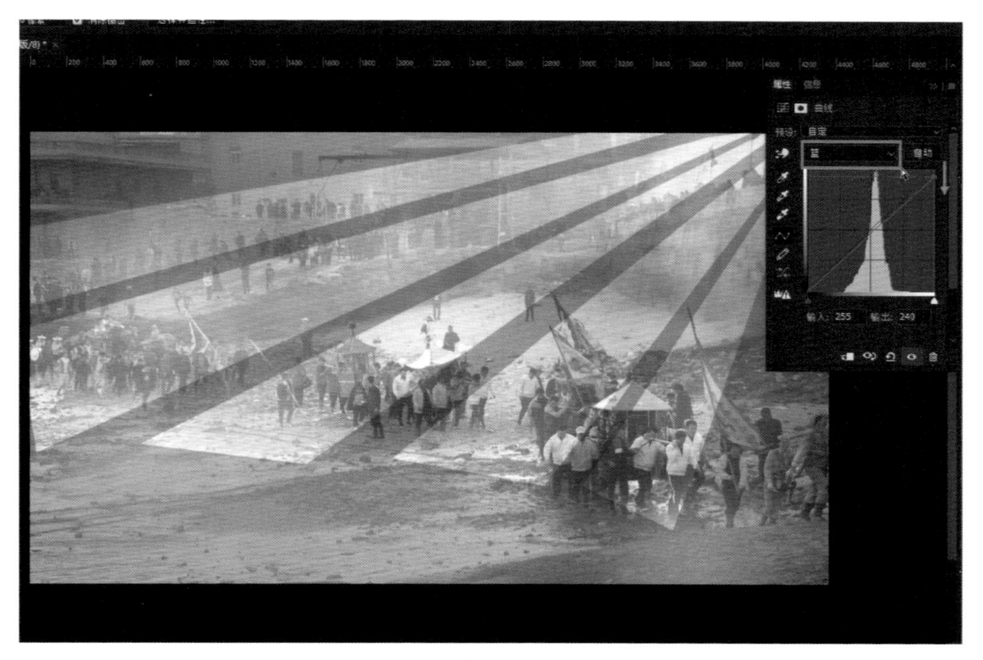

图 17-20

图 17-21

单击“蒙版”，增加“羽化”值，可以看到画面中氛围感就出来了，如图 17-22 所示。

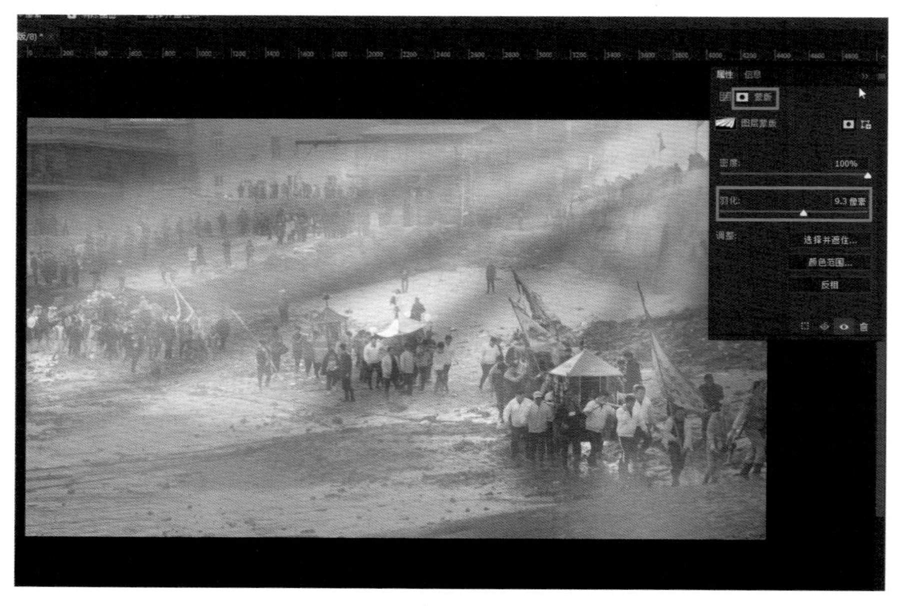

图 17-22

最终影调调整

用鼠标右键单击图层后选择“拼合图像”，如图 17-23 所示。将图像导入 Camera Raw 滤镜中进行最终的整体调整，如图 17-24 所示。

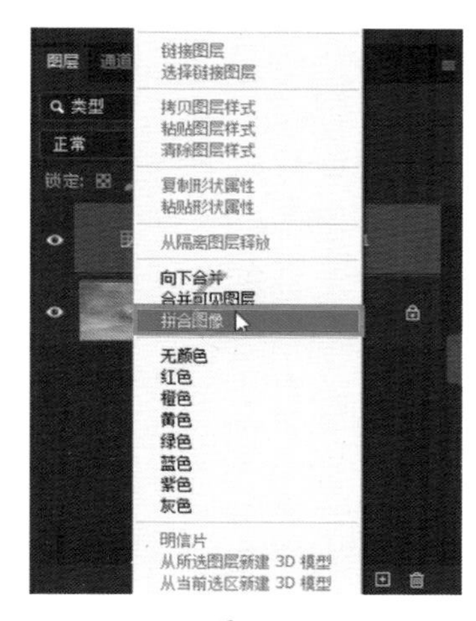

图 17-23

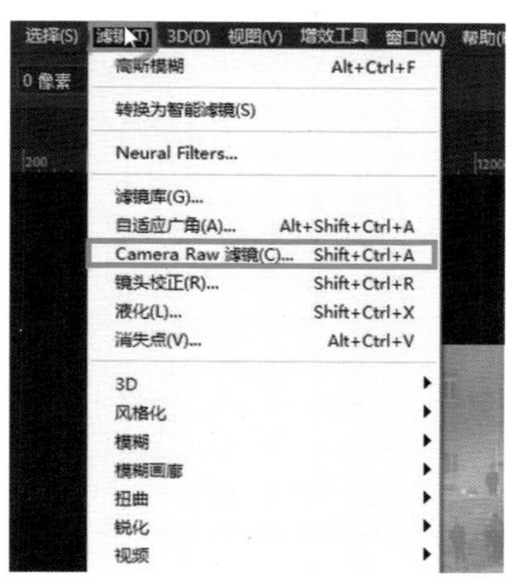

图 17-24

单击“自动”按钮，降低“曝光”值，增加“对比度”值，降低“高光”值，增加“阴影”值，如图 17-25 所示。可以看到通过逆向思维的打造，既突显了主体，又让氛围感得到了提升。

图 17-25

还可以调整得再朦胧一些。在蒙版里选择“线性渐变”，设置为从下往上，降低“去除薄雾”参数值。因为之前已经营造了烟雾感的效果，所以现在再进行调整就非常容易，如图 17-26 和图 17-27 所示。

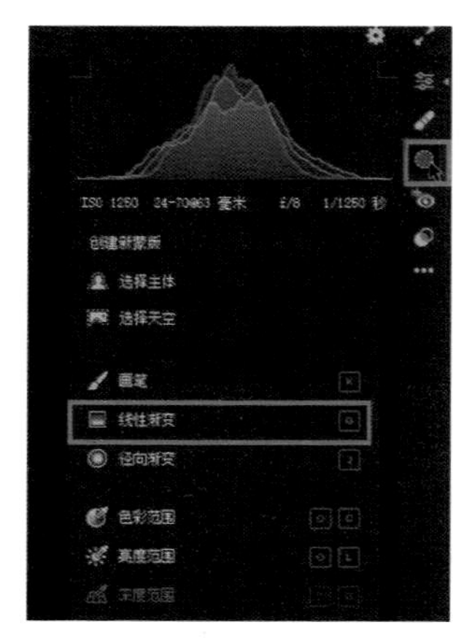

图 17-26

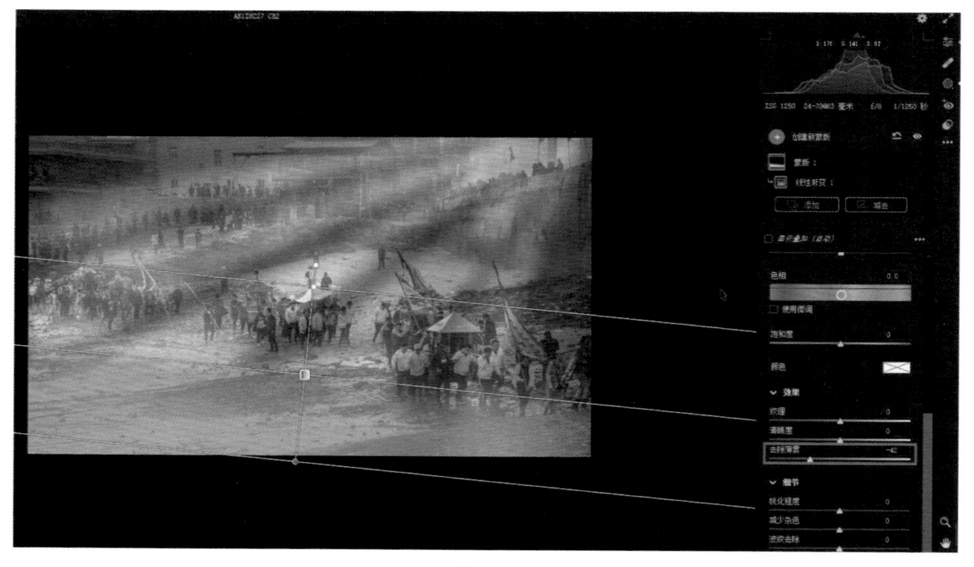

图 17-27

添加画笔，降低一些“曝光”值，“色温”滑块向蓝色方向调整，涂抹画面中抢眼的部分，如图 17-28 和图 17-29 所示，这样就完成了这张照片的调整。

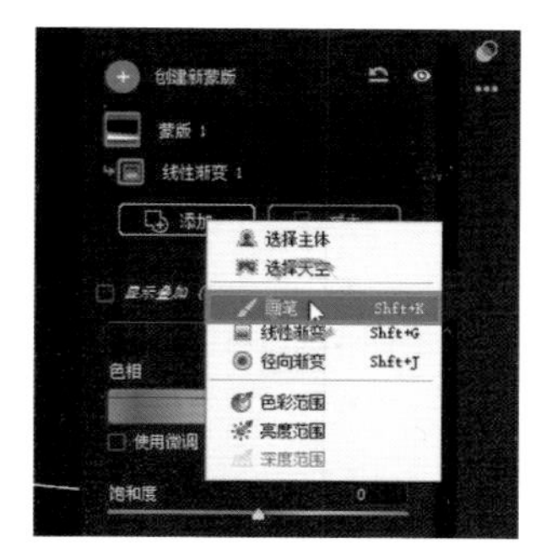
创建新蒙版
蒙版 1
线性渐变 1
添加
选择主体
选择天空
画笔 Shft+K
线性渐变 Shft+G
径向渐变 Shft+J
色彩范围
亮度范围
深度范围
色相
使用微调
饱和度 0

图 17-28

创建新蒙版
蒙版 1
画笔 1
线性渐变 1
添加
减去
调整预设 无
亮
曝光
对比度
高光
阴影
白色
黑色
颜色
色温
色调
色相

图 17-29

第 18 章　多重曝光形式的呈现

本章讲解的内容是多重曝光形式的呈现。我们可以选择两张相关联的照片来进行多重曝光处理，这种得到的照片更有意义，也更有故事性。大家来看一下调整前后效果，如图 18-1 所示。可以看到调整后的画面非常有艺术氛围感，整体的视觉感也得到了很大的提升，与正常的表现形式相比有很大的改变，让整体画面更有故事性。

图 18-1

将两张照片导入到 Camera Raw 滤镜中。如图 18-2 所示，画面中这个人物的服饰帽子都非常有特色、很有民族代表性（下文称为“人物照”，以作区分）。

再来看一下第二张照片，如图 18-3 所示。这是一个民族舞蹈跳芦笙的场面（下文称为“场景照”，以作区分）。我们对这两张照片进行多重曝光处理来强调民族特色。

图 18-2

图 18-3

初步调整影调

首先对人物照的整体影调进行初步调整，将整体的细节还原回来，如图 18-4 所示。

图 18-4

选择蒙版，选择“选择主体”。因为这个人物的整体轮廓非常清晰，所以选择主体很容易就能达到效果。单击“反相”，然后将背景压暗，如图 18-5 和图 18-6 所示。

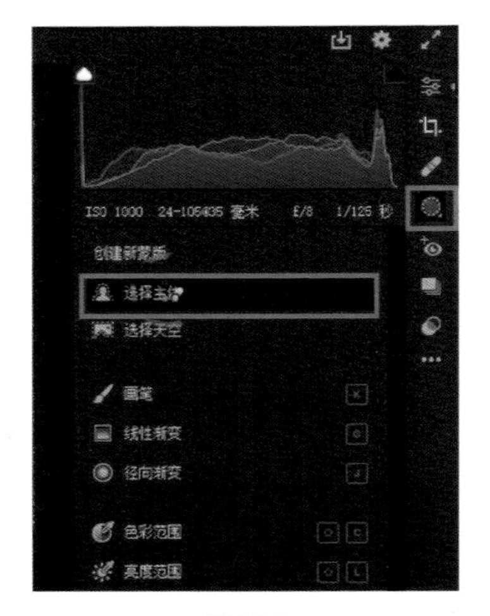

图 18-5

图 18-6

压暗压得不够的地方使用画笔进行简单地补充，可将“羽化”值减小一点，如图 18-7 和图 18-8 所示。

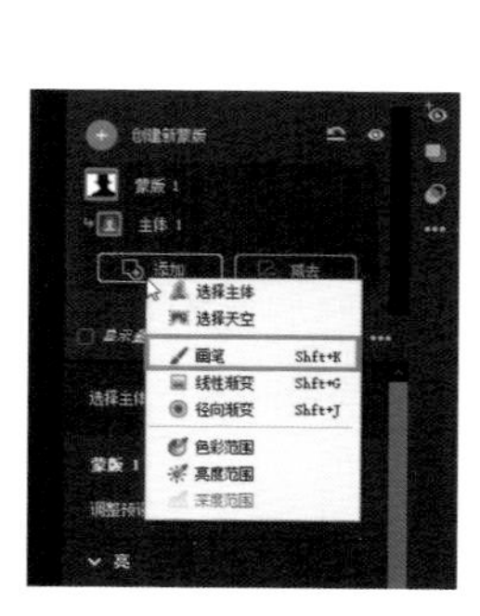

图 18-7

图 18-8

创建一个新的画笔，降低“曝光”值，降低“对比度”值，将人物边缘没有压暗的部分都压暗一些，一次不够就再来一次，如图 18-9 和图 18-10 所示。

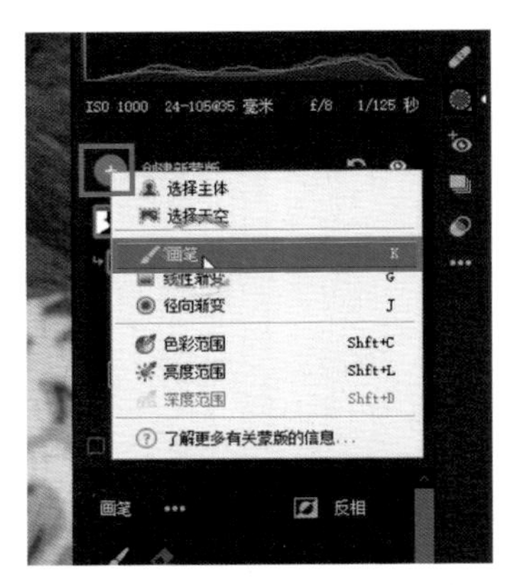

图 18-9

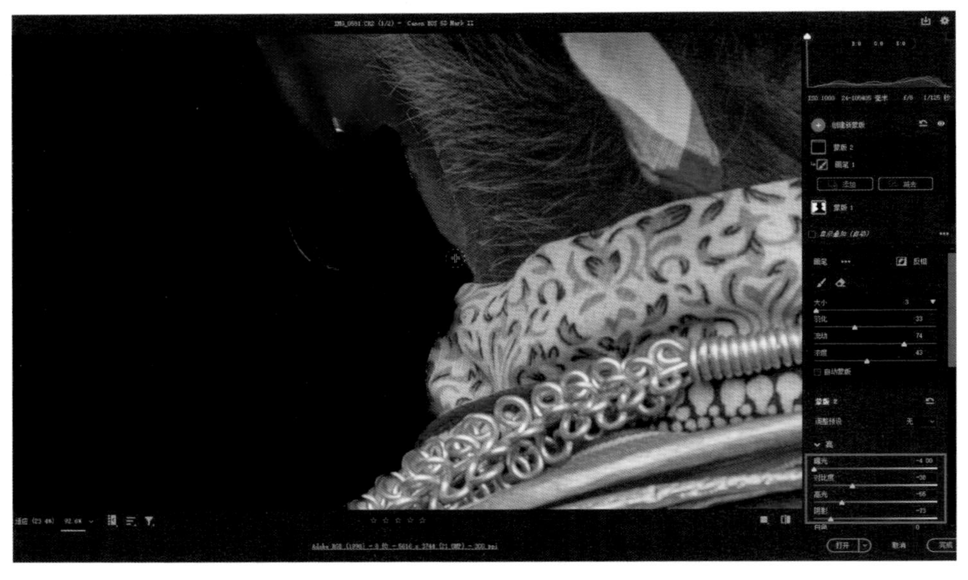

图 18-10

选择裁切工具，单击鼠标右键后选择“长宽比”—“1∶1”，让人物突显出来，如图 18-11 和图 18-12 所示。

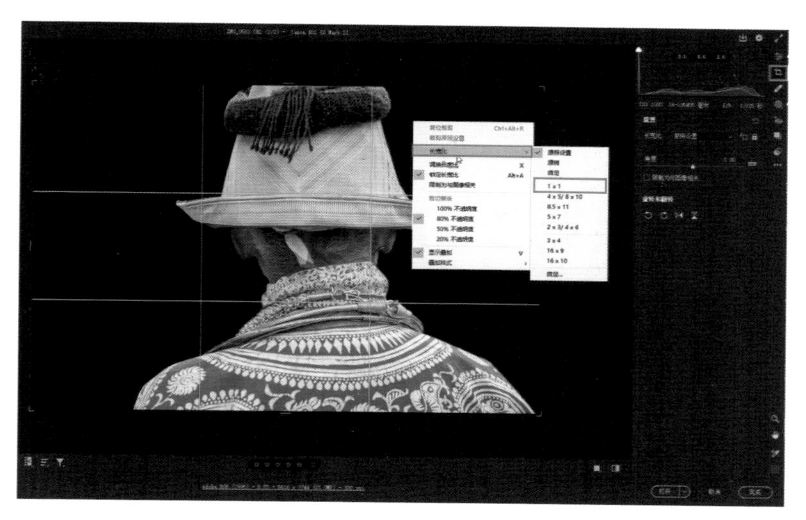
Ctrl+Alt+R
X
Alt+A
100% 不透明度
80% 不透明度
50% 不透明度
20% 不透明度
V
1 x 1
4 x 5/ 8 x 10
8.5 x 11
5 x 7
2 x 3/ 4 x 6
3 x 4
16 x 9
16 x 10

图 18-11

IMG_0581.CR2 (1/2) - Canon EOS 5D Mark II

图 18-12

单击“自动”按钮，将整体的影调大致还原回来，如图 18-13 所示。

图 18-13

在“混色器”面板里稍微降低背景颜色的饱和度，如图 18-14 所示。

图 18-14

将两张照片融合

用鼠标右键单击界面左侧的缩略图后选择“全选”，单击“打开”按钮，进入 Photoshop 中，如图 18-15 和图 18-16 所示。

图 18-15

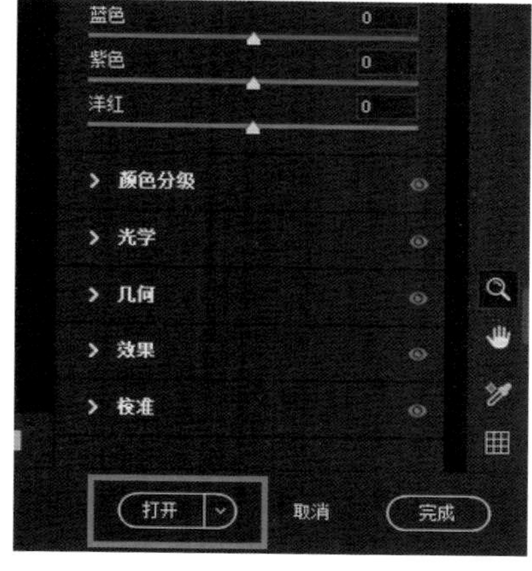

图 18-16

选择“移动工具”，将鼠标指针放置至场景照上，按住鼠标左键并往下拖动，如图 18-17 所示。

图 18-17

继续使用“移动工具”，按住鼠标左键，将场景照向左移动直到进入人物照的画面当中，可以看到鼠标指针处出现了一个加号，如图 18-18 所示，这时候松开鼠标左键，场景照就叠加到人物照上面了，如图 18-19 所示。

图 18-18

图 18-19

将图层的混合模式改为“正片叠底”，这样两个画面就相互融合了，如图 18-20 所示。

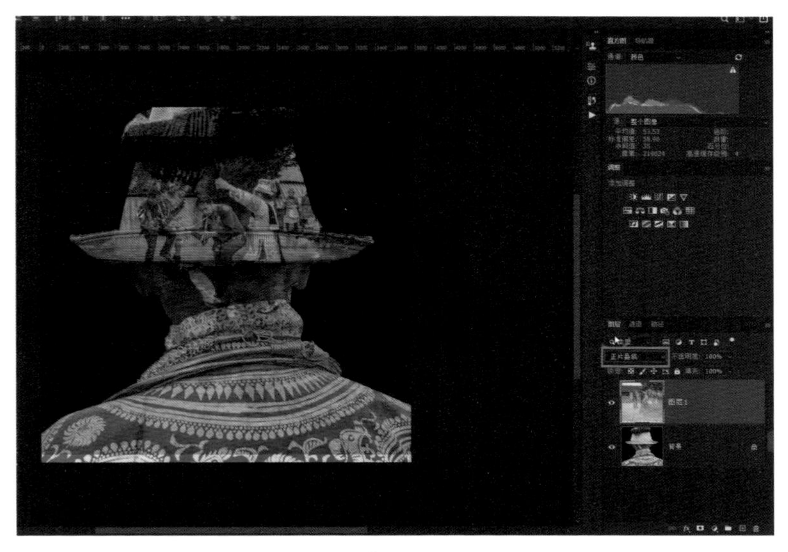

图 18-20

但是由于两张照片重叠的位置不太理想，导致整体的视觉效果并不是很好，因此单击“编辑”菜单，选择“自由变换”，如图 18-21 所示，调整场景照的大小，使其整体画面缩小一些。调整好场景照的位置以后，单击“确定”按钮，如图 18-22 所示。

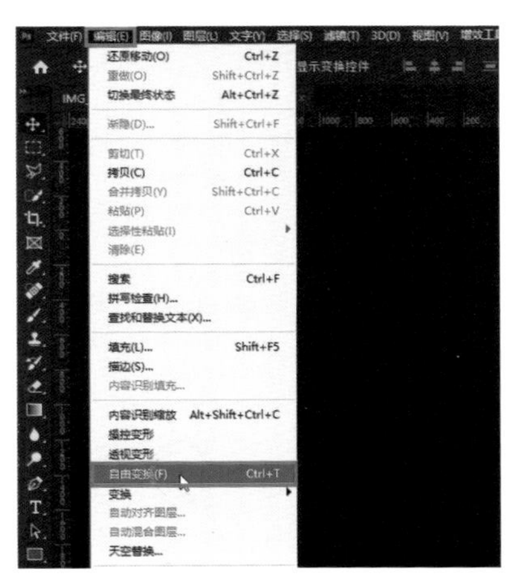

图 18-21

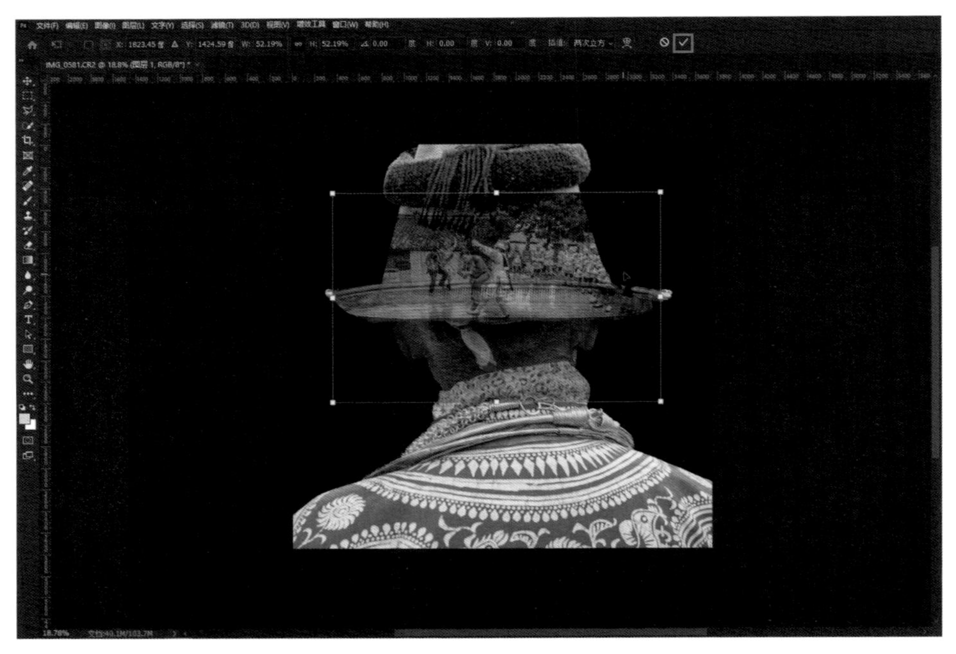

图 18-22

添加蒙版，使用画笔，将前景色设置为黑色，混合模式设置为“正常”，将“不透明度”值降低一些，用画笔涂抹场景的边缘，进行过渡，如图 18-23 所示。

图 18-23

最终影调调整

用鼠标右键后单击选择“拼合图像”，如图 18-24 所示，将拼合后的照片导入 Camera Raw 滤镜中，如图 18-25 所示。

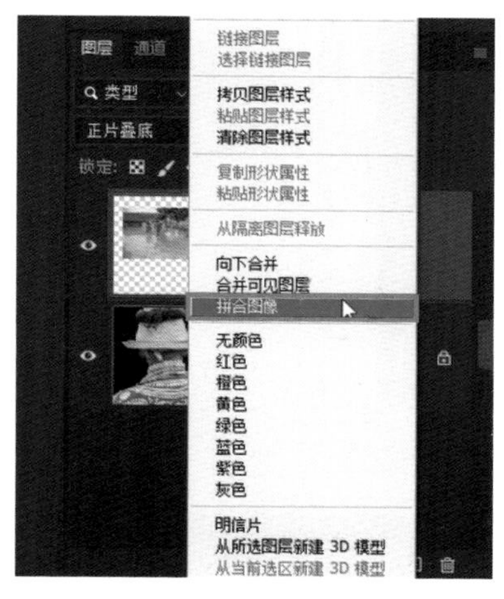

图 18-24

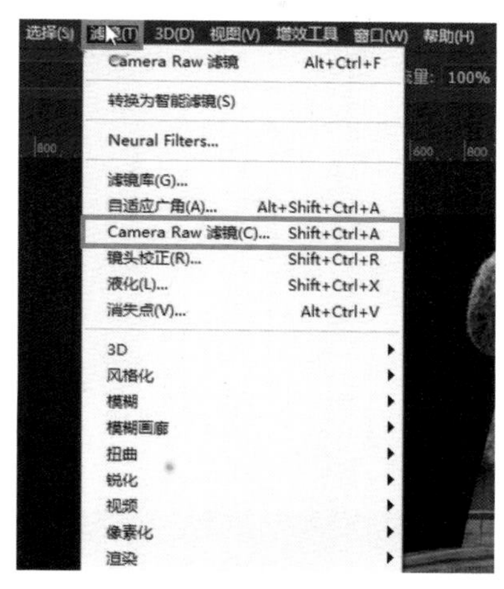

图 18-25

单击“自动”按钮，降低“曝光”值，增加“对比度”值，降低“高光”值，如图 18-26 所示。

图 18-26

选择蒙版中的“径向渐变”，单击“反相”，降低“曝光”值，降低“对比度”值，降低“高光”值，压暗周围环境，如图 18-27 和图 18-28 所示。

图 18-27

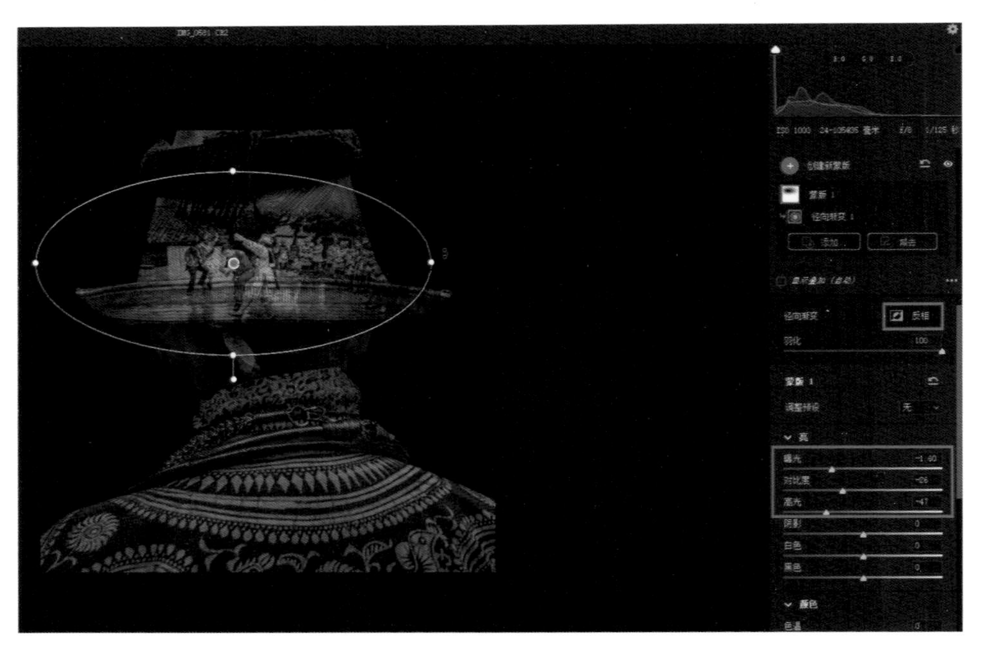

图 18-28

回到“基本”面板，增加“清晰度”值，增加“纹理”值，降低整体的“饱和度”值，如图 18-29 所示。

图 18-29

创建新的蒙版画笔，增加“曝光”值，增加“对比度”值，对人物主体进行刻画，单击“确定”按钮，完成我们的调整，如图 18-30 和图 18-31 所示。

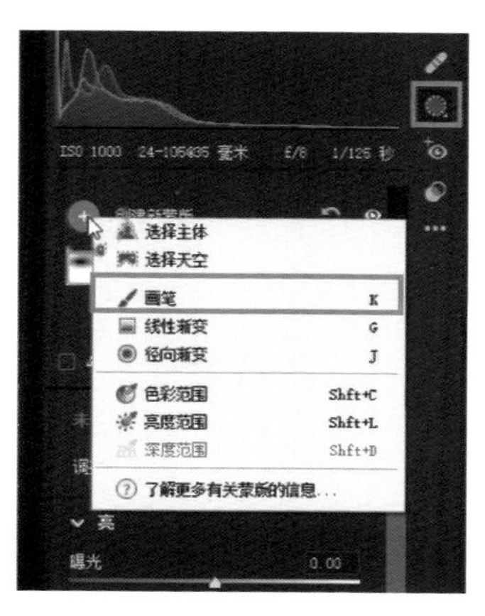

图 18-30

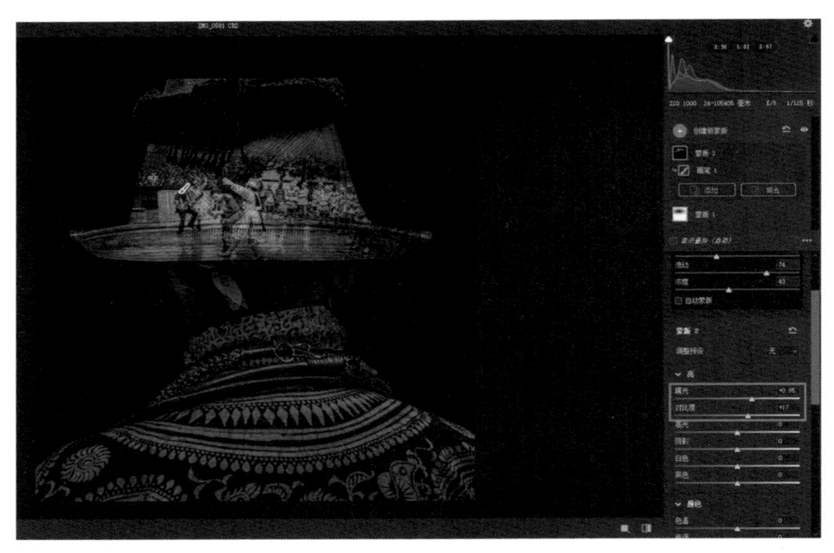

图 18-31

打造清晰主体的方式

有时候可以看到，场景照中主体人物在画面中不是很清晰，该如何打造清晰的主体人物呢？还是一样，先将场景照在 Photoshop 中打开，选择“移动工具”，采用与之前操作中相同的步骤，移动场景照使之覆盖在人物照之上，如图 18-32 所示。

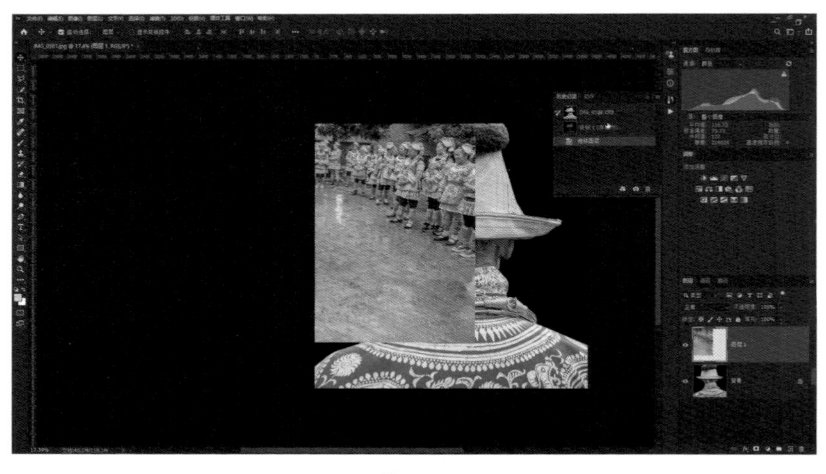

图 18-32

将混合模式改为“正片叠底”，通过快捷键 Ctrl+T 进行自由变换，调整好位置，如图 18-33 所示。

图 18-33

想要让场景照中的主体清晰一些，可以通过快捷键 Ctrl+J 复制一个图层，将混合模式改为“正常”，降低“不透明度”值，如图 18-34 所示。

图 18-34

添加蒙版，选择蒙版的“反相”，使用“渐变工具”，将前景色设置为白色，刷取场景照中的主体部分，这样主体部分就清晰了，如图 18-35 所示。但是有时候也不需要调整得太清晰，太清晰反而破坏了画面融合后的柔雾感，就不自然了。

图 18-35

添加蒙版，选择“画笔工具”，将前景色设置为黑色，将场景照的边缘痕迹过渡一下，如图 18-36 所示。

图 18-36

用鼠标右键单击图层后选择“拼合图像”。将照片导入到 Camera Raw 滤镜中，如图 18-37 和 18-38 所示。

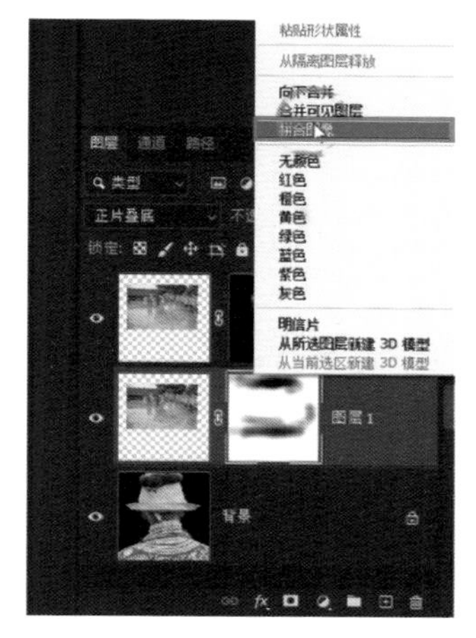

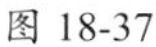
图 18-37

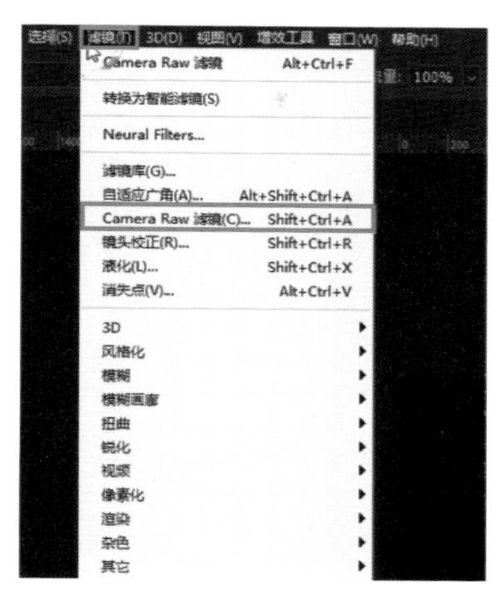

图 18-38

单击“自动”按钮，调整一下整体影调，如图 18-39 所示。

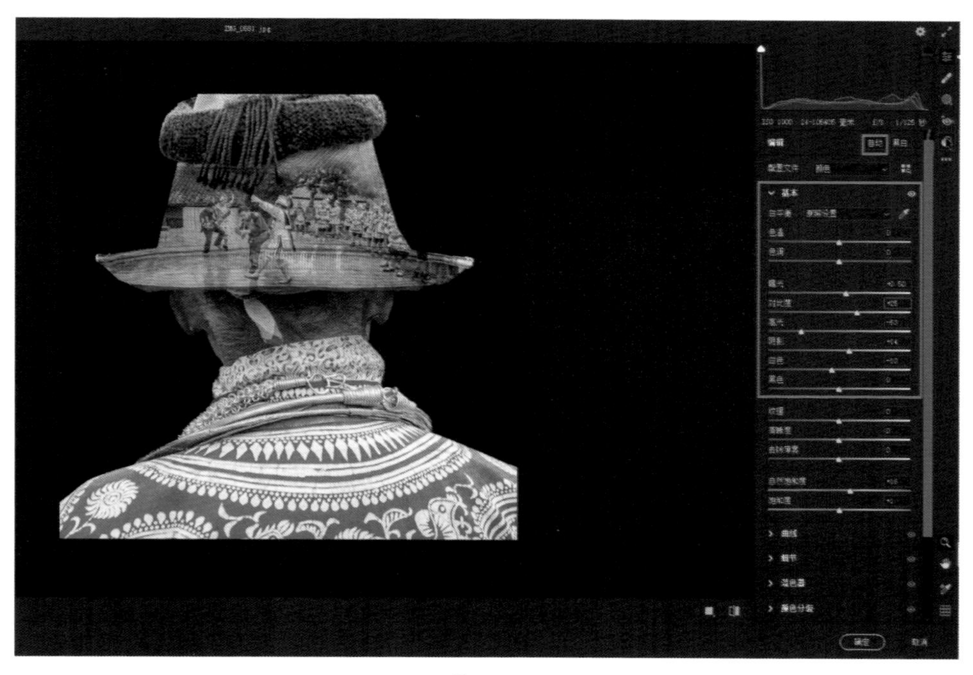

图 18-39

将环境压暗，降低“曝光”值，降低“高光”值，降低“对比度”值，增加“清晰度”值，增加“纹理”值，降低“饱和度”值，如图 18-40 和图 18-41 所示。

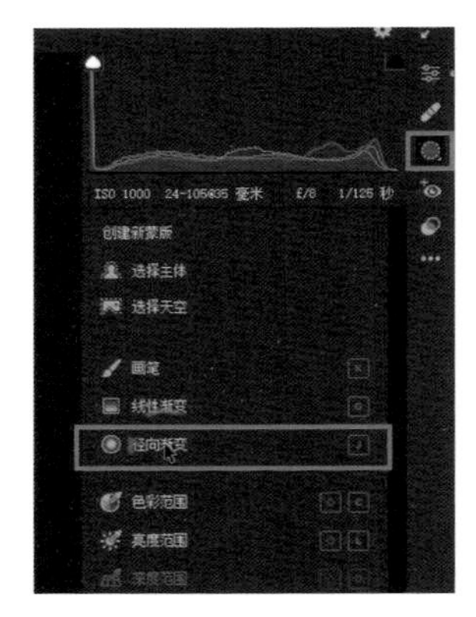

图 18-40

图 18-41

这时候还可以调整色温，按照自己的习惯对色彩再次进行调整，如图 18-42 所示，这样就调整完毕了。

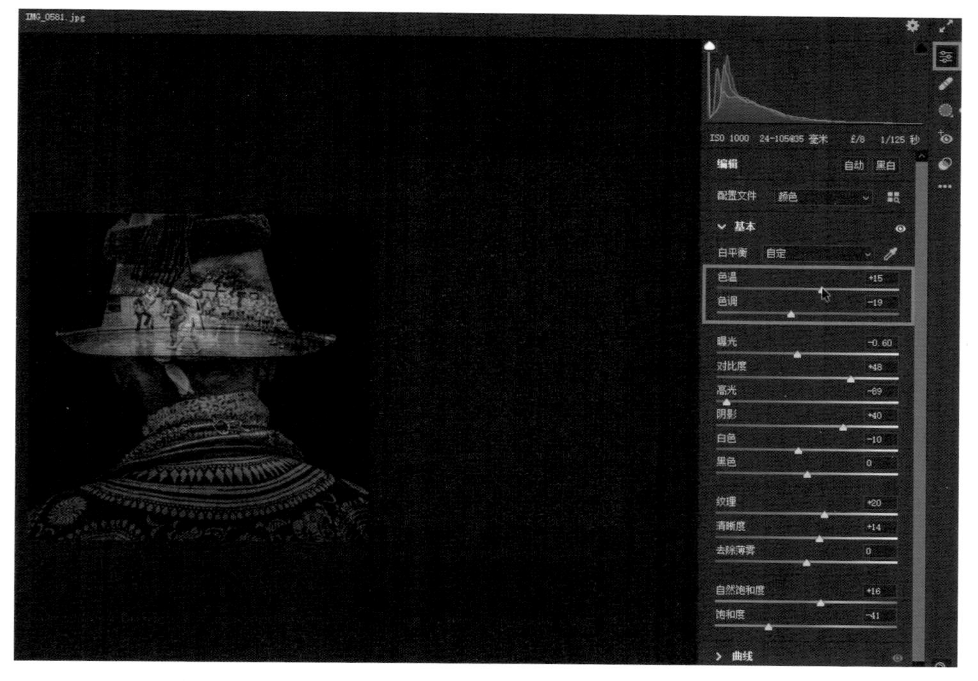
IMG_0581.jpg
ISO 1000　24-105@35 毫米　f/8　1/125 秒
编辑
自动
黑白
配置文件
颜色
基本
白平衡
自定
色温
+15
色调
-19
曝光
-0.60
对比度
+48
高光
-69
阴影
+40
白色
-10
黑色
0
纹理
+20
清晰度
+14
去除薄雾
0
自然饱和度
+16
饱和度
-41
曲线

图 18-42